U0388095

中國印象

餐厅

陈卫新 编

辽宁科学技术出版社
·沈阳·

目录

索引

前言

以“中国印象”为题，编一套书是困难的，就像我们用语言去形容一件宏大的事，很难找到词语间一一对应的准确关系。挂一漏万，在所难免。

印象，是模糊的、笼统的，并不来源于科学的计算。那些接触过的客观事物在人的头脑里留下的迹象，又总是指引着我们的设计观，影响着我们的生活。如果说，一定要用一个词贴切地描述这种“中国印象”，我想这个词就是东方艺术观的本质——写意。我们无法回到过去的语境谈写意，也无意将传统标签化、图式化，我们只能说这里集合呈现的是不同的文化背景、生活经验、个人爱好、项目需求下的中国室内设计作品，本身就是现实生活中时空交错的“中国印象”。

“中国印象”来源于生活。随着时间的变化，我们认识事物的角度与深度都会变化，或者越来越靠近，或者越来越疏离，只有“印象”会一直存在，成为一种有象征性的连接祖先的感受。“中国印象”就是这种感受的表达与传递。这种感受的多少、深浅并不依赖于物理空间上真实的远近，也许来源于视觉经验、来源于童年记忆，只是一团坚定的、向好的意象，是一种“人在旅途式”的心理依靠。从古至今，从文学、绘画、建筑、习俗、戏曲中看去，似乎每一个中国人都是在移动中的。战争、移民、商贸、学仕、贬离、流放，影响人一生的东西实在是太多了。人的一生可以跌宕起伏、经历丰富，但也可以非常的简单平常。古代文人对于日常生活审美化的追求，是由时代精神、政治模式、生活空间，甚至经济状况的改变而促成的，是时代的必然。李泽厚先生曾经认为，整个宋代“时代精神不在马上而在闺房，不在世间而在心境”。诗意的审美态度从来就不是抽象的，文人在日常生活中的审美需求，不期然间成了一种伟大的集体自觉。

“中国印象”来源于情感。中国人讲究“安居乐业”，有了住所，有了空间，便不再流离，可以往来酬酢，可以闭门索居。总之，以一个空间换来了内心深处的踏实。显然，这种中国印象不是偶然的，不是主观造作的，恰恰相反，它来源于传统，来源于生活中的情感。古人在“流动”中，从来没有放弃对这种空间感受的写意表达，唐代王维的终南山“辋川别业”可以说是私家园林之发端，是个人情趣与自然山水相互触发的结果。这种山居生活对王维的影响是显然的，王维擅长山水画，并创造了水墨渲淡之法。他说：“夫画道之中，水墨最为上，肇自然之性，成造化之功。或咫尺之图，写百千里之景。”这种“质”的发展，在于对自然山水体势和形质的长期观察、概括与提炼，这是空间带来的最直接的感受。王维有佛心，诗境、画境只是表达而已。在他的作品中，经常可以看到小中见大，从已知景象感知无限空间的审美经验。这其中通汇了灵魂深处情感的终极追求。从建筑或造园的意义上来说，他把自然景境中的虚实、多少、有无，按照人的视觉心理活动特点，形象地表现了出来。这也成了后来建筑造园、山水绘画及至当代禅意空间设计等思想方法上的一个基础。李泽厚先生有一个判断，古希腊追求智慧的那种思辨的、理性的形而上学，是狭义的形而上学。而中国有广义的形而上学，这就是对人的生命价值、意义的追求。古希腊柏拉图学园高挂“不懂几何学者不得入内”，中国没有这种传统。中国印象更多地来源于中国人的价值观。李泽厚在提及“审美形而上学”时说：“中国的‘情本体’，可归结为‘珍惜’，当然也有感伤，是对历史的回顾、怀念，感伤并不是使人颓废，事实上恰恰相反。”

“中国印象”来源于书画。中国的空间营造与诗文绘画是非常紧密的。唐宋间的绘画，多有建筑山水体裁。画者在其中常常流露出对于人居与自然关系的认识，对于故乡虚拟性的表达成为一种常态。有学者曾提出，传为李思训所做的《江帆楼阁图》应该是一组四扇屏风最左一扇，而非全图。这也许就是一种“历史的物质性”。似乎中国人的建筑一定是在自然山水中的，空间由此有开有合，有迎有避。立足处，即怀思起兴之所。建筑的门窗，室内的落地画屏，使空间的分隔更加灵活多变，居住的功能分配与自然山水地形地貌结合度极高。唐宋的绘画史记载过大量的画屏，这些可称为“建筑绘画”的作品大都已消失了，许多研究者发现若干经典作品首先是作为画屏而创作的。这样的画屏，是建筑空间中的“隔”，是目光远去之间的参照物，而其中绘制的建筑以及建筑远处的山水，与现实中的建筑山水形成了一种递进。在这种递进中，建筑本身作为一种审美记忆的情感，也渐渐地成了绘画艺术中的经典。文人乡愁似的山水画在造型上追求“简”，那些画中的林木萧疏，简笔行之，点皴率然，远山逶迤似逐日而去，空气清冽湿润，盘谷足音尚在。

“中国印象”来源于诗文。苏轼在《定风波》中写过，“常羡人间琢玉郎，天应乞与点酥娘。自作清歌传皓齿，风起，雪飞炎海变清凉。万里归来年愈少，微笑，笑时犹带岭梅香。试问岭南应不好？却道：此心安处是吾乡。”这样的故乡就是不在世间，而在心境。安妥的情感是传承至今的一种文化现象，是人与自然的关系，更是人与人的关系。古人心中的空间概念具有无法替代的神圣性，虽然它并不那么确定。这种有关于印象的“当代性”已不局限于某个特定时期，而是不同时代都可能存在对于生命本源的主动建构。放至当下，也许还意味着人们对于“现今”的自觉反思和超越。人生易老，岁月不居。《红楼梦》里写建筑，常常是实中有虚，虚中有实的。造园之法，即动静之法。中国园林是以文造园的，大观楼是大观园的主楼。“镜花水月”是太虚幻境的一次落实，这种静中之动，是微妙的，也恰能动得人心。贾政与一众清客为大观园中的亭子取名，以水为倚，宝玉取“沁芳”为名，让贾政拈髯点头不语。周汝昌先生按语：“‘沁芳’是宝玉第一次开口题名，仅仅二字却将全园之精神命脉囊括其中。既不粗陋，更显风流，不愧文采二字。”植物与大观园各处人物皆有对应之处。怡红院有花障，更显幽密。有活水源流，花团锦簇，玲珑剔透。有富贵闲人的气息。潇湘馆，前种竹后种芭蕉，清雅，有书卷气。探春的秋赏斋，描绘最为细腻。小园里前种芭蕉后栽梧桐，有其命运的潜兆。室内布置极大气，有黄花梨的大案，豪华的拔步床，充满了士大夫的气息。从符号学的体系来审视，《红楼梦》无非是“归空”与“还泪”两个主题。应该说，每个人心里面都有一个红楼梦，都有一个大观园。这就是典型的“中国印象”，对于室内设计来说，无论是静态的，还是动态的，在更新的方式出现以前，“新古典”与“解析重构”提供了当代设计表达的两个主要渠道。

好设计师一定善于写意，“中国印象”是每位设计师随身携带的遗传基因。我们尊重这种遗传基因的差别，不会因为他们作品的差异而排除其中的一部分。站在中国室内设计的某一处路口上，我们未必能看见很远的地方，但一定要知道我们从何处来。这是编辑这套书的初衷，对于每一位设计师来说，设计作品就是生命与时间的互证。

陈卫新

〇〇〇

传统的创新

民居意象的重构

饭怕鱼餐厅

工程档案

项目地点 中国，长沙
竣工时间 2016年
设计单位 水木言（香港）室内设计机构
主设计师 梁宁健
设计团队 金雪鹏、孙琳、李新丽、谢俊、孙飘
项目面积 1200平方米
摄影师 廖鲁
主要材料 樟子松、螺纹钢、硅钙板、木纹砖、橡木、仿大理石地砖

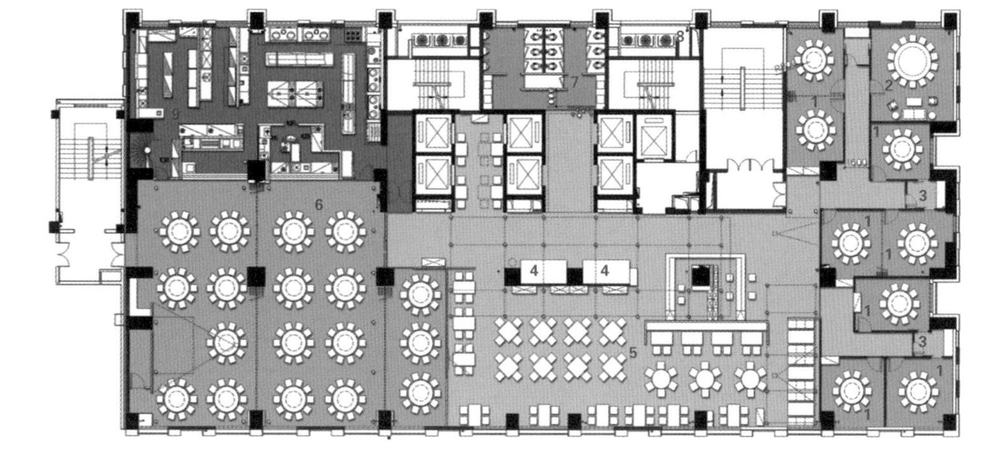

平面图

1. 十人包间
2. 十四人包间
3. 备餐间
4. 鱼池
5. 散座
6. 宴会厅
7. 卫生间
8. 设备间
9. 厨房

设计理念

饭怕鱼餐厅作为湖南本土的鱼类餐饮品牌，一直注重湘菜的传承和创新，作为立足于本土的品牌传承地域文化是空间考虑的重点，作为湖湘文化中的湖湘民居美学粗犷大气与精致灵巧并存，山野水乡之气氤氲迷幻，这次空间设计把湖南永州古建 “大宅”木构元素作为传承传统的依托，空间中植入木制仿古片段作为传统的“线”，是理念上传承写实的部分，再把螺纹钢用当代的装置手法重新解构传统“大宅”构架，这是空间中写意的部分也是当下的“线“，通过两种手法构成传承与创新所需的线索和根基，进而采用在同一片屋檐下开放式就餐的场景，唤起民居故里温情回归的生活体验，在空中游弋的“大鱼”是切合品牌定位和鱼米之乡之意，用传统的手工竹编，通过用民间艺术为元素的装置手法回应空间主题，也有倡导带动恢复传统手工艺的美感的意愿。

设计说明

项目以低成本常见材料打造，大面积白色墙体用硅钙板喷白漆处理，转角处做铁板包边，很好地协调了中式空间所需的留白和商业空间的经济耐用，方便维护等问题；大厅完成空调消防设备安装后的层高只有 4 米，为了达到民居屋顶所需的尺度落差至少 1 米以上，最低处低至 2.8 米，所以采用错落的高低屋顶满足尺度和面积过大需要的层高，同时兼备民居屋顶自然错落有致的层次感；樟子松的原木构架结疤眼颜色过深与木色对比强烈，且易开裂，采用深色油漆遮罩以达到大宅所需适度的精致感；低成本的商业空间要克服材质选择面过窄、工艺成本过低和配套设备渠道不专业等一系列问题，同时还要保持空间应有的文化氛围，这是次很有意义的挑战。

传承温暖的味道

登门『灶访』

工程档案

项目地点　中国，宁波

竣工时间　2016年

设计单位　正反设计

主设计师　王琛、蒋沙君

设计团队　冷成昊、陈钟

项目面积　200平方米

摄影师　王飞

主要材料　白色硅藻泥、水泥、水磨石、白色方砖、铜片、老木板、黑炭钢、直纹玻璃

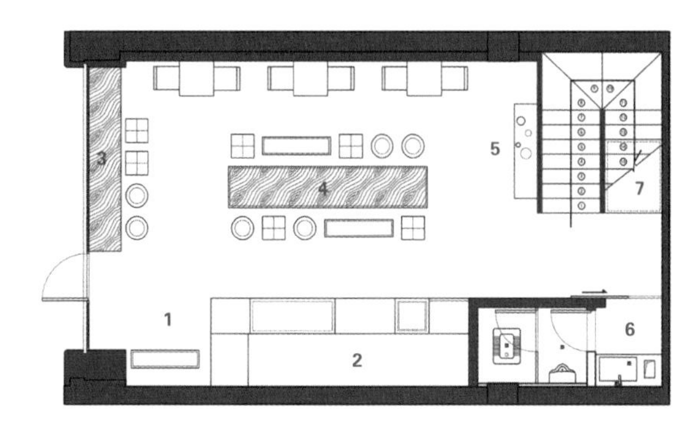

一层平面图

1. 等候区
2. 收银区
3. 吧台区
4. 聚餐区
5. 备餐台
6. 洗手间
7. 储物间

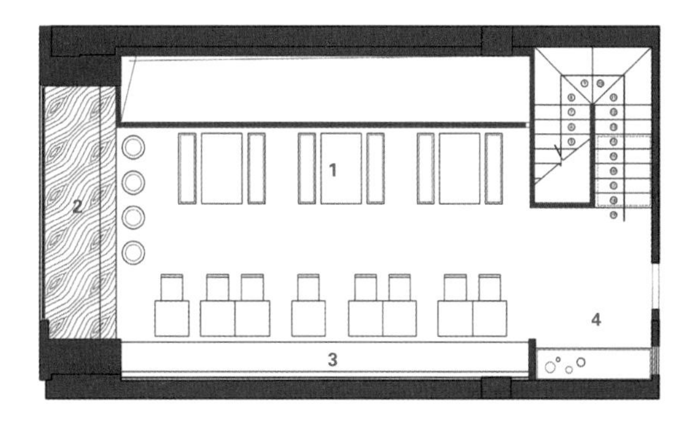

二层平面图

1. 四人区
2. 吧台区
3. 卡座区
4. 备餐台

设计理念

“灶访 ”的前身是一家在宁波老社区下面的宁海面食店。简单的门面和地道的宁海口味成了周围区块的网红面店，消费群体会更偏向于老社区的家庭和周边的白领为主。基于品牌的重新定位重组、正反设计从品牌形象到室内设计做了重新的概念引入。正反设计最终确定“灶访 ”作为品牌名字也是取自登门造访的概念，但用“灶”取代了造，更为体现了“灶访 ”对待食物依然坚持传统手法以及保持原味的概念，“灶访 ”拜访做客，是中国常见礼节。“灶访 ”是对传统美食的传承和发展。“灶访 ”是对熟悉而温暖味道的探寻。

设计说明

正反设计从项目接手开始，考察店主老家宁海的当地人情文化。无论是邻里之间还是文化撞击出很多设计火花，设计的思绪充满着很多有意思的过去与现在的撞击。打开熟悉的门，阳光随着它的尘埃在身边围绕。没满一米高的时候就和这扇门一起长大，不知不觉长高了，它也从频繁的开和关到现在就这么安静地立着。家的墙上有许多玻璃碴，照的剔透，一直以为是价值连城的宝石，总会趁着家人不注意偷偷藏些许进口袋里。在项目建筑外立面设计中，正反设计沿用的早前常用的水洗石材质，因为传统手艺的缺失再加上在原有材质上掺杂了一些蓝色的玻璃体，整个外立面设计的唯一性更能体现过去与现在的撞击后的设计感。

SUZHOU

室内空间分为2层，一楼与二楼之间镂空一个块体打通了上下之间的闭塞感，在架空区域铜管垂挂的玻璃体吊灯，设计理念来源于晾晒的挂面。一层的收银区结合冷菜展示功能，整个框架架构是打破原有灶台元素，重新设计组合，在餐饮功能需求的同时让人在设计体块里产生过去的共鸣。

在出汗的夏天，一把蒲扇，迎合着蝉鸣的旋律，每个正午，老人家总会握着鸡毛掸子，悠哉地拍打着没灰尘的竹椅。在空间家具搭配中，用过去常用的物件跟餐厅设计感混搭在一起，进门等待区的几把蒲扇，或者是茶水区的旧碗叠砌，总是一种感情的痕迹。到了家家户户都散发饭香的时候，灶台上已是热气腾腾，包裹着美味的锅盖、噼啪作响的柴火、挂面杆上的手擀面陆续和沸水融合，还有和家人一起有序工作的剪刀、竹刷。

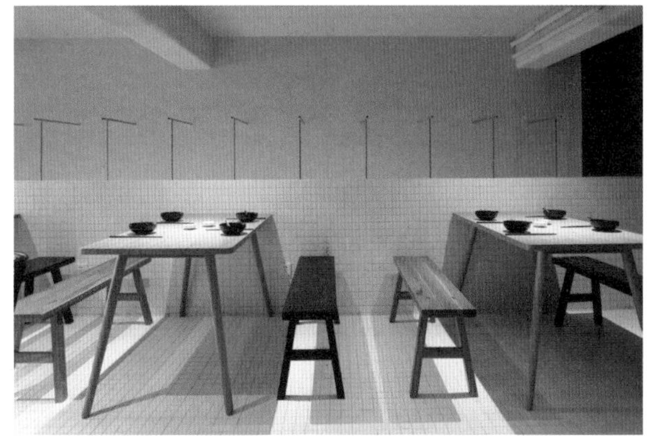

空间一层到二层的楼梯过道，正反设计选用了原有灶台各种烹饪工具做了陈设设计，一整面墙体的工具阵列，让上上下下的人像是忙碌于灶台一样的幸福和家的味道。

帶有西方特色的香港本土餐厅

KASA餐厅

工程档案

项目地点 中国，香港

竣工时间 2016年

设计单位 Lim + Lu 林子设计

主设计师 卢曼子、林振华

项目面积 47平方米

摄影师 Dennis Lo、王思仰

主要材料 樟子松、螺纹钢、硅钙板、木纹砖、橡木、仿大理石地砖

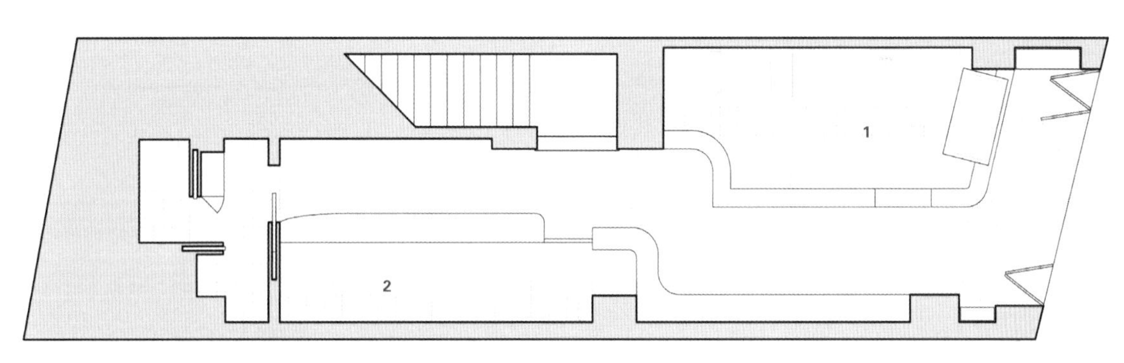

1:50

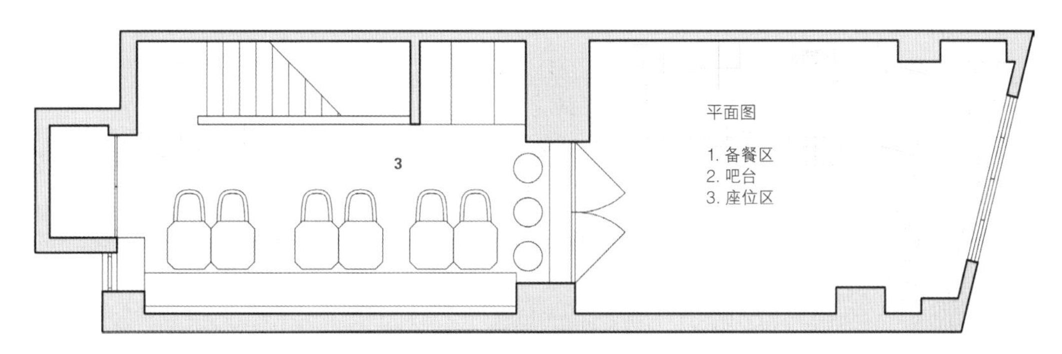

1:50

设计理念

KASA 位于香港中环，是威灵顿街最近新添的午餐高峰期的一个新去处。业主的理念非常简洁“健康，外带，无国界融合料理”。我们对 KASA 的设计理念始于对深深扎根于香港文化的含义的探索。茶餐厅、传统市场和霓虹灯璀璨街景的构想立刻浮现在我们的脑海。茶餐厅是香港人用本地美食满足他们胃口的餐厅，这些场所塑造了香港的本土建筑。

2007
SAINT-EMILION
GRAND CRU CLASSE
CHATEAU LA DOMINIQUE
ITALIA
2006
CAIAROSSA

健康飲食
SOFT OPENING
DRINKS INCLUDED
$68
3 ITEMS
BALANCE DIET

设计说明

由于业主希望给顾客传递新鲜这一特质，我们选用了香港传统市场中常用的灯具样式——吊灯，表达我们对传统市场中吊灯的敬意。传统市场在香港文化中占据很大一部分，它还是新鲜的代名词——每天都会摆卖当日渔获及新摘的果蔬。这些灯只是一个小细节，但我们希望通过这些灯具来促使人们回忆起熟悉的画面。霓虹灯充斥着香港的街景，这些扭曲的发光的玻璃管已经成为香港 DNA 的一部分。受这些街道的启发，我们在厨房上方设计了一个用中文写着的“健康饮食”的标识。

KASA 的主要客户群体是匆忙的午餐人群，为他们提供方便快捷的食物。为支援这一概念，我们安装可完全折叠的折叠门将门头最大化，这样一来，餐厅变成了街道的延伸。一进门，顾客仿佛看到了另外一个建筑立面，人们可通过此立面的窗户从上面窥探室内——模糊了室内和室外的界线。

设计的过程迫使我们去思考茶餐厅的根本是什么。卡座、镜子、瓷砖墙和地板是赋予这些场所魅力和个性的常见元素。我们从典型的茶餐厅瓷砖入手，茶餐厅中的瓷砖仅使用某些特定的颜色。因此，餐厅的色调就由瓷砖衍生出来——绿色和粉色，这两种颜色进一步加深了新鲜和年轻的概念。

由于 Lim 和 Lu 都是在东方出生和成长，在西方国家接受教育和工作，因此对于我们来说，两种文化的平衡至关重要，且这种平衡经常会在我们的设计中得到体现。我们希望将 KASA 的融合式美食的概念融入室内设计中，并使设计成为菜单的化身。通过对比鲜明的材料和设计项目的运用，这一想法得以实现，即采用常用于中国餐馆的材料，搭配西方餐厅中的元素——天然的马赛克搭配精制大理石。

卅卅红油串串店

工程档案

项目地点 中国，深圳

竣工时间 2017年

设计单位 深圳市华空间设计顾问有限公司

主设计师 华空间设计

项目面积 183平方米

摄影师 陈兵摄影工作室

主要材料 木材

设计理念

卅卅红油串串店位于深圳福田区绿景虹湾，该餐饮品牌希望能通过设计的手法打造一个精致、简约的就餐环境，来颠覆以往人们对这种传统街边小吃的刻板印象，还原最原汁原味的老成都风味，赋予传统美食新的生命力。

SASA
CHUAN

设计说明

设计师以“简约、精致、柔和”作为本案的设计理念，以现代设计语言来重新赋予串串一个全新的就餐体验，并借助条状形态的纵横优势来搭建空间，形成场景的构建。同时也希望走进这家餐厅的食客们，能感受到属于内心的愉悦和平和，让这里成为体味精致生活的就餐场所。在整个空间设计中，借助串串原有形态，利用“搭”这一建筑手法，为顾客营造出一种就餐、沟通与交流的场所，强化品牌的传播力度。

为了能营造出一种雅致简约的就餐氛围，在整个方案中设计师选用白色木色作为空间基调，而原木色则始终贯穿于整个场景，向我们的消费者传递出舒适爽朗的感觉，并搭配上暖黄的光线

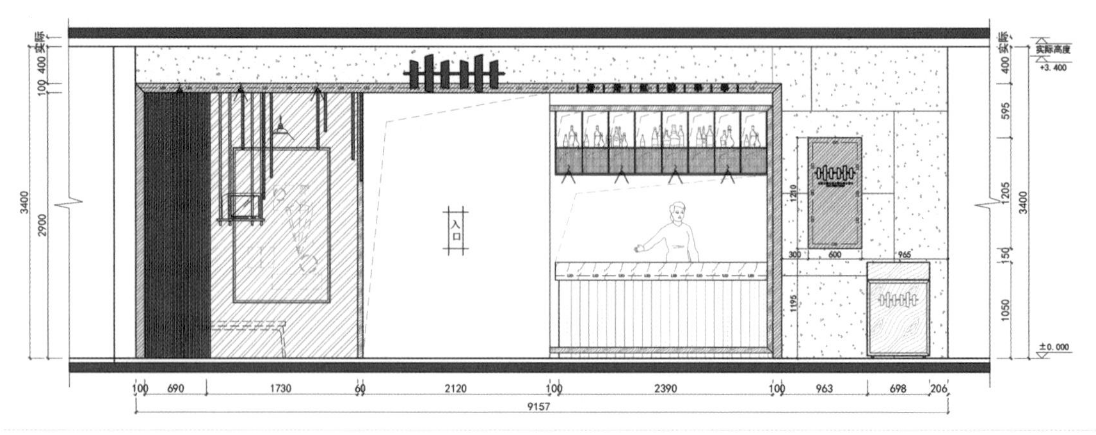

立面图

和低饱和度的空间，营造出柔和的感官视觉，我们希望通过这样不同的就餐体验来颠覆以往消费者对串串的印象。

设计师在软装方面融入了竹木与绿植，让空间显现出一丝生机和活力，我们想让食客们在品尝串串的美味的同时还能感受到惬意的状态，从而来体现一种精致的生活态度。这也是卅卅品牌所倡导的经营理念之一。

唐潮码头

工程档案

项目地点 中国，深圳
竣工时间 2017年
设计单位 唯尼设计
设计师 蔡威
项目面积 450平方米
摄影师 欧阳云
主要材料 木板、玻璃、砖

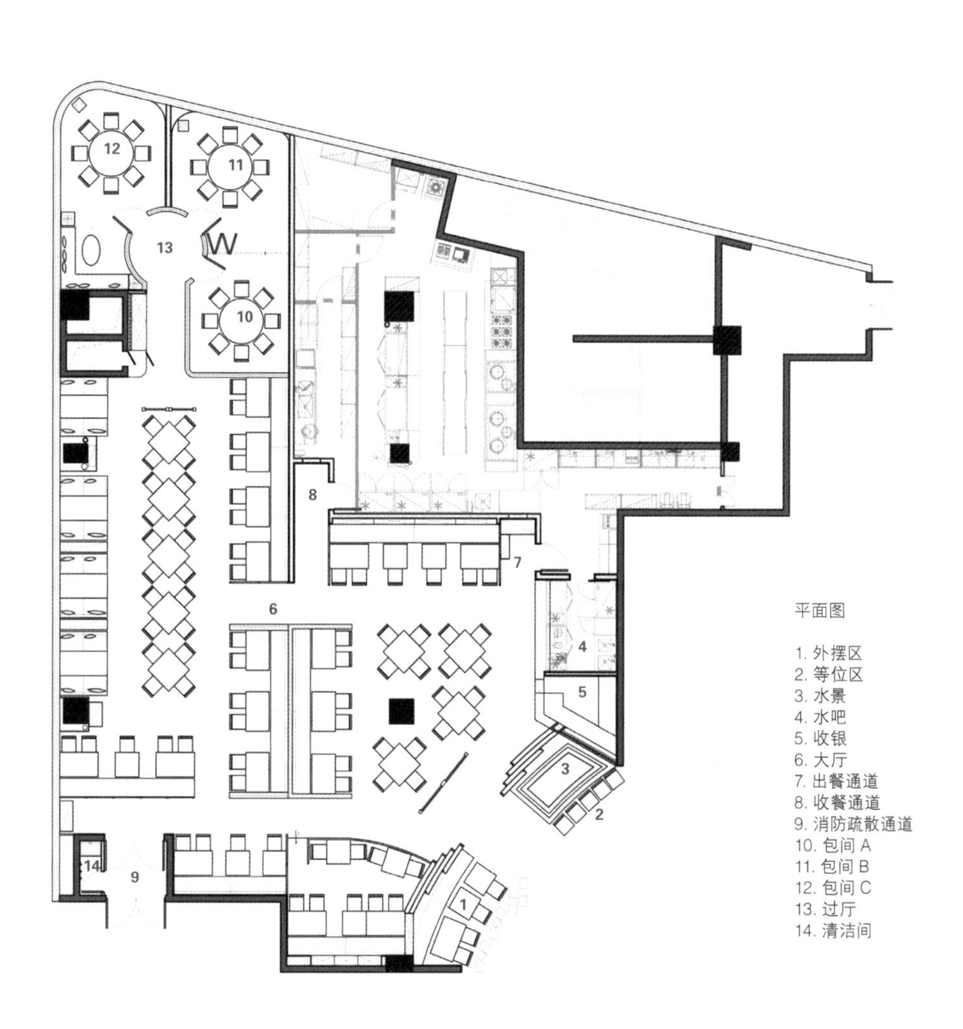

平面图

1. 外摆区
2. 等位区
3. 水景
4. 水吧
5. 收银
6. 大厅
7. 出餐通道
8. 收餐通道
9. 消防疏散通道
10. 包间 A
11. 包间 B
12. 包间 C
13. 过厅
14. 清洁间

设计理念

潮汕人以精明、坚韧和专注的特质被誉为“东方犹太人”，潮州菜也以精细、考究和中和的特色走俏神州及海外。唐潮码头的设计主题围绕潮汕文化，以中式现代混搭的手法为这一粤东族群的悠远传统注入当代新韵。

设计说明

餐厅门头含而不露，寓意着金木水火土的五行山墙，仅一瞥即泛起潮汕人对家的记忆。代表着当地著名景点湘子桥的牛雕塑、用板凳搭建的陈列架以及摆放其上的土著小手工，更给人以近乡情怯的穿越之感。

空间布局依循潮汕民居的“下山虎”和“四点金”概念，分为前厅、天井、后厅，并结合现有场景进行新旧融合。比如入口的大柱子，由一根根现切的木条现场拼接而成，营造出“大树底下好乘凉”的山野拾趣。

结合平面图不难看到，空间外围是以柱子为轴做的一个“回”，往里也是一个“回”，即“四点金”形式的延伸，类似潮式“三合院”。各个空间的划分，则强调若隐若现的穿插感而不再有传统建筑形式的密闭和束缚。

五行山墙建筑概念延伸至室内的立面墙体，呈现出庄重和大气的空间仪态，同时承担起串联整个空间的纽带作用。山墙以木板为材，根据造型需求，由现场木工和工厂定制共同完成，在比例与细节上精准把控力求极致。

由上至下，挑檐、山墙和隔断的处理，均未照搬原本复杂烦琐的形式讲究，而是通过布局和阵列的形式，用简化的手法取其精髓，新旧融合因应当下语境。就连与当地古墙共生的苔藓和爬山虎，也缩略延伸至此处的永生草，裱在通透的玻璃瓶中陈列分布，吐露简单纯粹的绿意。

隔断玻璃有着旧旧的纹路，与时尚动感的镜面穿插运用，提升空间的扩充感而不觉拥挤；水泥做了细微处理，被覆上老木纹的倒模；地面砖灵感来自潮汕民居的古老红砖并加入更多色彩；枝形艺术吊灯与复古钢管钨丝灯合力营造斑驳光影；现代中式椅结合设计概念进行二次优化；包间玄关顶巨幅字体写意泼墨……

唯尼设计留存岁月痕迹的浑然再造功力，悄然隐于这些空间细节之中，静待有心人的默契会意。而潮州人的族裔凝聚力与追本溯源的传统坚守，或为全球化中的文化存续与新生带来更可期待的未来。

远方有佳人

工程档案

项目地点 中国，新疆

竣工时间 2015年

设计单位 叙品设计

主设计师 胡俊峰

设计团队 邓浩杰、陈勤

项目面积 1022平方米

摄影师 牧之

主要材料 黑色荔枝面大理石、木拼条、斧刀石、方管

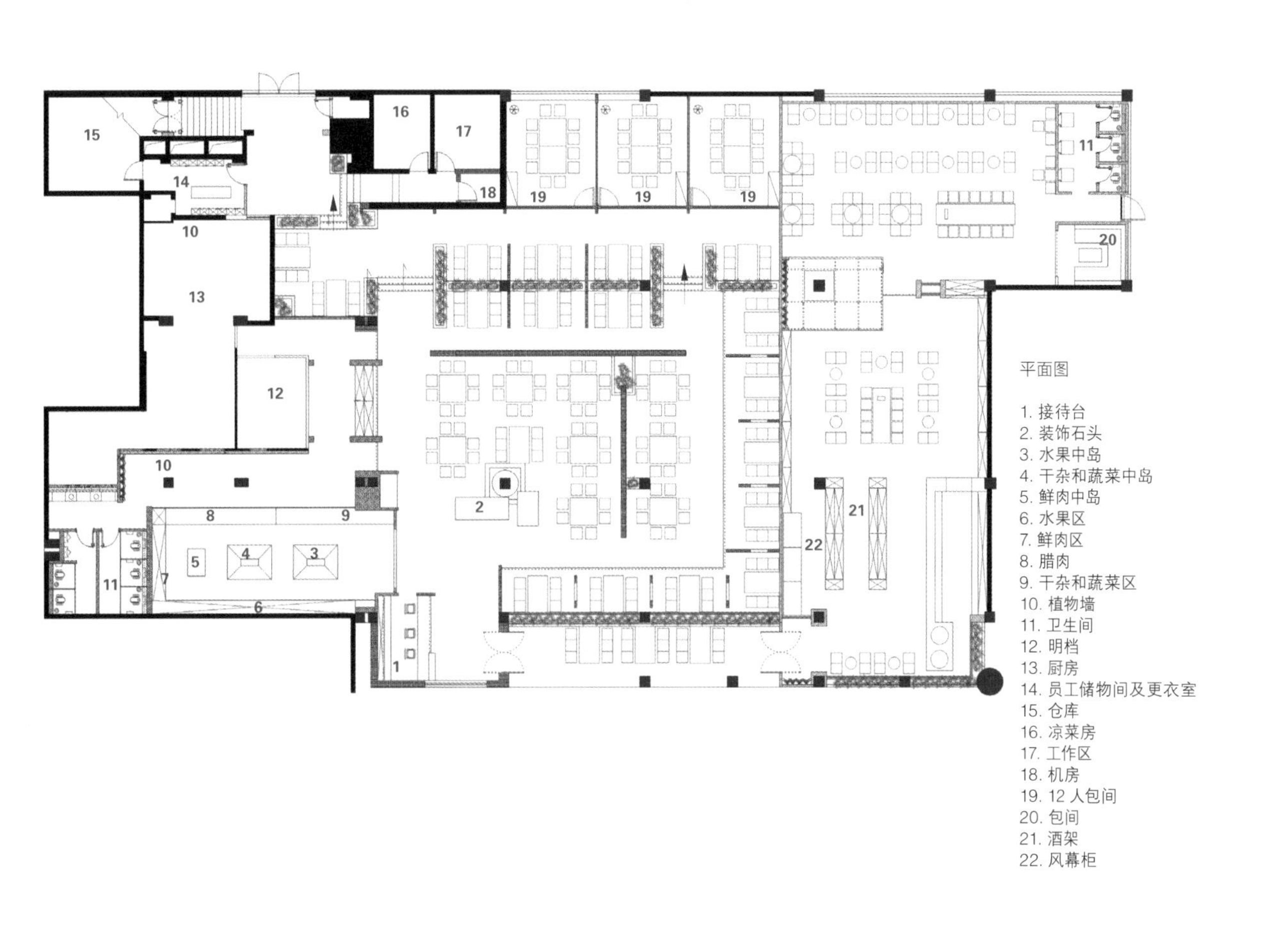

平面图

1. 接待台
2. 装饰石头
3. 水果中岛
4. 干杂和蔬菜中岛
5. 鲜肉中岛
6. 水果区
7. 鲜肉区
8. 腊肉
9. 干杂和蔬菜区
10. 植物墙
11. 卫生间
12. 明档
13. 厨房
14. 员工储物间及更衣室
15. 仓库
16. 凉菜房
17. 工作区
18. 机房
19. 12 人包间
20. 包间
21. 酒架
22. 风幕柜

设计理念

成都是舌尖上的美食天府，全城大大小小有 11 条美食街，其中首指玉林路。在这片城南传统富人区中，火锅店的数量更是有几十家之多，餐饮业态在味道上无法形成任何优势，此时，设计导向就尤为重要了。

远山炭火火锅的食材来自西昌远方的大山，崇尚环保和绿色的经营理念在油爆火锅的群聚中释放健康的吸引；而紧密嫁接火锅的是远山品牌旗下的 FM 酒吧项目，与火锅店对门相邻，一食一饮，一静一动，跨界的创新引入，体现商业的多元。

WC

设计说明

品牌价值提升商品价值，商业策略支撑后续经营，经商拼智，善谋应市，一切设计上的思考都为应市。远山不是简单的火锅店，而被食客们戏称为“火锅主题照相馆”。互联网 + 思维模式，自媒体时代，主动营销不如口口相传，我们在本案的设计中植入多个节点，让食客成为宣传出口，让传播成为可能实现。

除了空间本身的高分享值，更多节点的考虑更增添了传播的价值。食来食往，惊喜到餐碟的别致，厚重的鹅卵石、粗质的瓦砾、古朴的瓦当，盛起精致的菜肴，你会忍不住拿起相机；等待锅开，你不会空盏相望，一枚沙漏计时陡增待餐趣感，你会忍不住拿起相机；试管瓶的调味料、嵌入天花的旧门板、攀附墙壁的八仙桌、长条凳、卫生间玩笑的小人导视，你都会忍不住拿起相机……分享即是价值，传播即是口碑，设计让空间自承和内部装载都构成有力的传播。

体验式经济模式，购买目的被削弱，感受氛围、愉悦心情，随即产生辅助消费。现代餐饮空间尤为注重客户体验，食客们在双重感受获得的满足里，才会产生正向的积极传播。

WC

在远山，空间本身的视觉高值给你带来不同以往的就餐体验，铜锅围炉也可以风尚雅集；卡座相邻，别有洞天又两不相绕，穿过六棱窗洞，看到邻家美丽的女孩；食毕之后，感叹那一桌来自远方深山的鲜美，流连而兴不尽，方知这里的一切除了桌椅房屋，任何喜爱的东西都可以买回家细细品尝，火锅店中的冷鲜超市，满足食客的一切诉求；排队待入的食客们，FM酒吧小坐，品一口德国啤酒，听一曲欢快愉悦，再也不用看着别人狼藉饕餮，而自己捧着一把五香瓜子。在远山，享受的是一天的放松，品尝的是味蕾的绽放，体验的是无不的可能。

老街里的新模式餐厅

铁像寺水街——熙云轩中餐厅

工程档案

项目地点 中国，成都

竣工时间 2015年

主设计师 黄雪峰

项目面积 1600平方米

摄影师 龚锐

主要材料 以黑色石材天然棉和咖啡色木饰为主

一层平面图

1. 接待台
2. 沙拉台
3. 表演台
4. 室外露台
5. 无边际水景
6. 吧台
7. 库房
8. 酒窖
9. 音控间
10. 员工卫生间
11. 备餐间
12. 卫生间

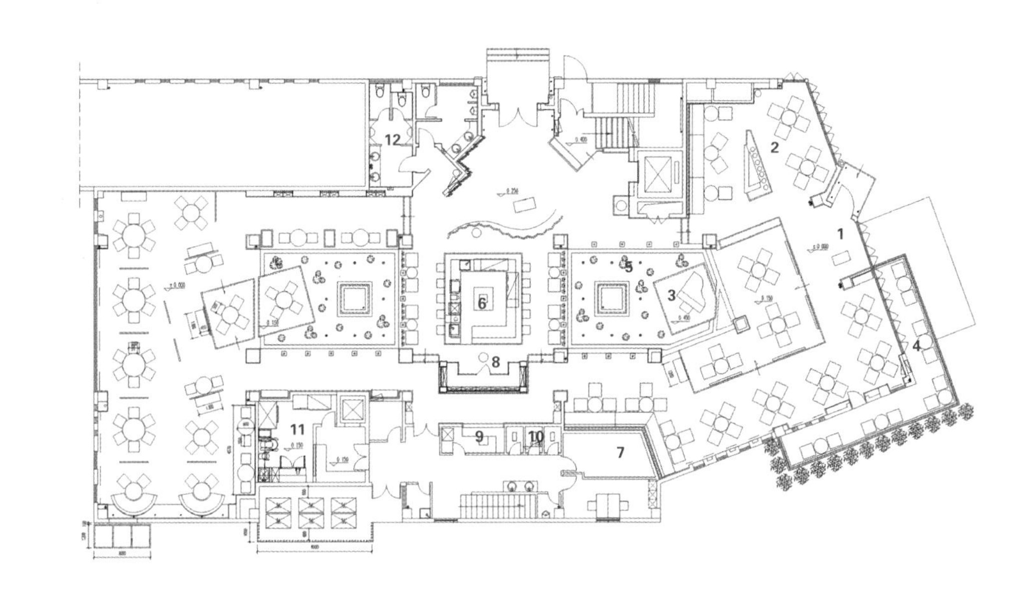

地下室平面图

1. 库房
2. 员工就餐区
3. 更衣间
4. 楼梯间
5. 存鞋区
6. 地下室电梯间

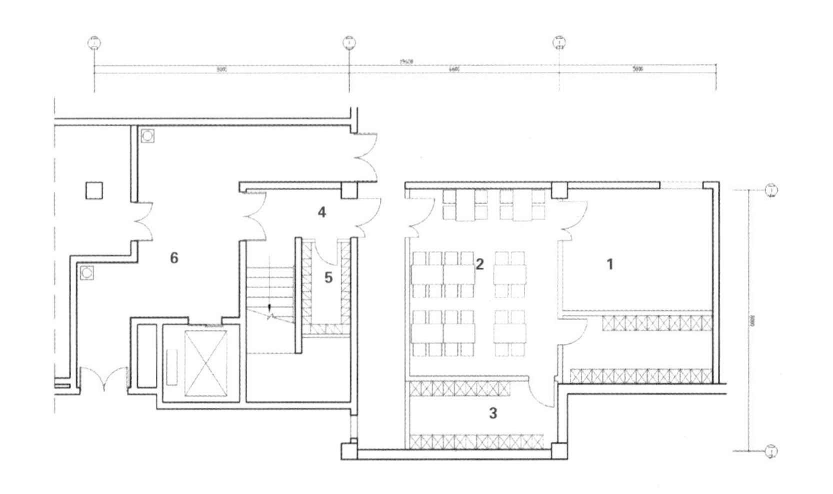

设计理念

铁像寺水街是四川成都新近打造的一处古文化街，以铁像寺作为文化起源，人工引入清水河，还原老成都曾经的水居环境（以前的老成都有四川的江南水乡之称）。在这栋不大的商业建筑里集聚了多种经营形态——咖啡、中餐、红酒、雪茄，迎合了当代多种经营模式，是传统单一经营模式的突破。

设计说明

一层依据双天井为中心一分为二，设两个主要入口。同时，设置红酒文化品鉴休闲空间。中餐厅采用可移动装饰屏风，将各个散座自由分隔，在保证客人私密性的同时，也可依据需要放宽空间，形成小型宴会厅。

二层以天井四周做环境廊道，可俯瞰下方水景。设七个包间，分别以赤、橙、黄、绿、青、蓝、紫七色冠以包间名，以此思路延伸出各个包间鲜明的装饰特色，墙面的色彩与装饰品的色彩皆以房间主色为准。并且为了减少二层空间过于静态的氛围，设计有意地将部分厨房操作空间做玻璃隔墙，使其展示出厨房内部繁忙的动态景象，以此达到动与静的平衡的空间感知效果。

三层可俯瞰整个铁像寺水街街景，设计将这个区域分为两个不同的功能空间，三分之二为能容纳 20 人以上进餐的大型包间，另一侧为英伦风格装饰的雪茄房，两区域中间廊道做艺术品陈列展示。可以同时满足两个不同人群消费需求，既可分亦可合，是空间设计与经营方式的完美结合。

文化的传承

曲径通幽处的江南菜香

西湖印象

工程档案

项目地点 中国，福州

竣工时间 2015年

设计单位 深圳市华空间设计顾问有限公司

项目面积 381平方米

摄影师 陈兵摄影工作室

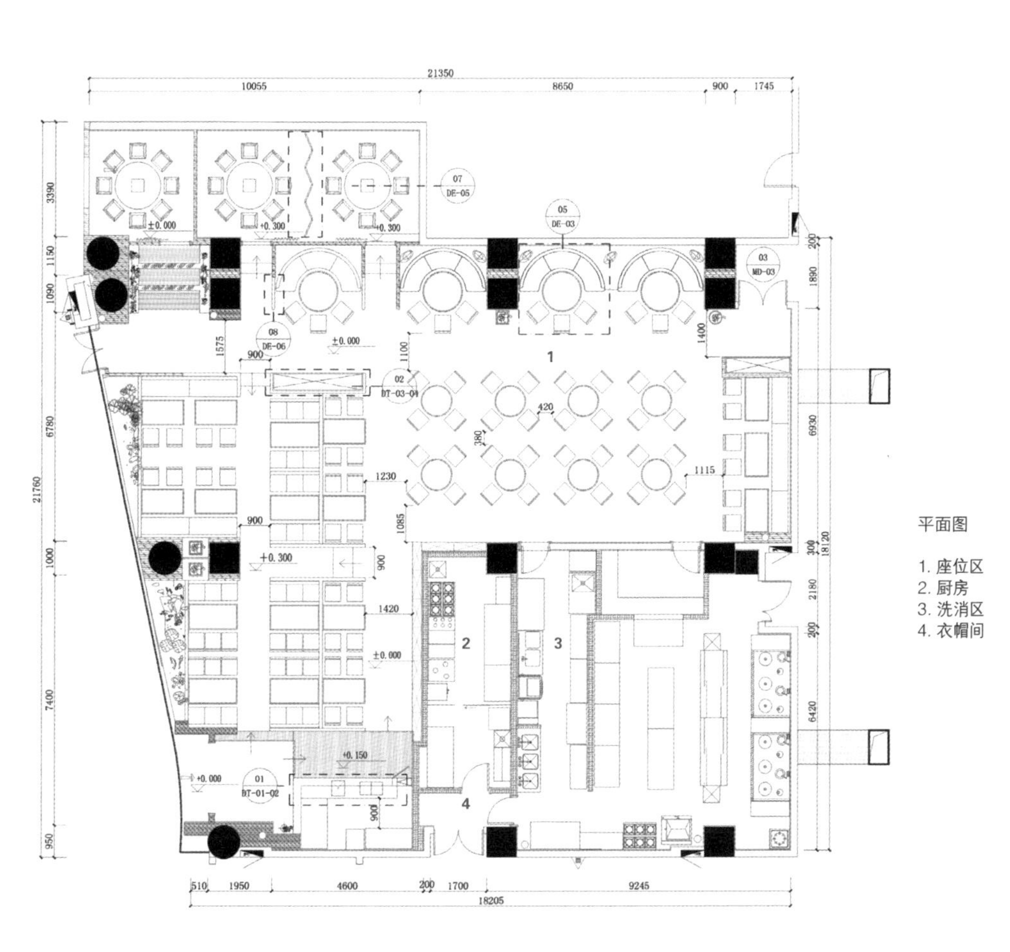

设计理念

从远处望过来，一座江南小院落入眼中，白墙青瓦小桥流水，以清灵的体态，展示万般风韵。

经典的江南建筑别有恬静内秀的韵味，而江南院落给人一种优雅、宁静、亲切的感觉，正是生活在浮躁社会中的我们所缺失的，所以在本案中设计师以江南的小院作为此次设计主题。江南水乡的一山一水一物，均是文人墨客笔下的绝妙胜景，尽显江南的风情。而这次，跟紧我的脚步来领略属于江南的意境。

西街印象
小心台阶
Caution watch your step

设计说明

整个店面的平面布局是根据江南小院建筑布局来延伸切入，以格局的形式将餐厅分成了院入口、阳台、闺房等五大板块。江南建筑，高低错落，古朴幽静，含蓄内敛。有的枕山面水，有的面河而居，有的夹河而造，清澈的河水，轻盈的小桥，窄窄的街巷，深深的庭院，凝练成江南水乡传统民居的典型意境。为了把这意境体现得淋漓尽致，设计师将入口处抬高，错落有致，营造出“曲径通幽处，禅房花木深”的氛围，令人渐入佳境，而这对空间的分割，避免平铺直叙的苍白，也是为餐厅增添了几分宁静。

虽未曾到过江南，其印象却深深烙印在心里，烟雨朦胧，到过的人都感慨江南犹如未经装束的少女，实在向往。现在你大可不必跑去令人魂牵梦萦的江南，只要踏入西湖印象的小院中，便能体会到这一切，设计师从江南小院建筑元素提取、演变、打碎、组合，形成空间现有设计元素，做旧的白墙，一丛爬山虎追上了墙头，细看还有青苔

遍布在墙角，干枯的枝丫里冒着翠绿的嫩芽，雕刻精美的门窗，设计师用淳朴的自然元素还原了小院的野趣，朴素而清新，这一切都让进店的客户仿佛身临其境，感受到江南充满诗意的生活。在这样的环境下品尝精致的江浙菜乃是人生一大绝事。

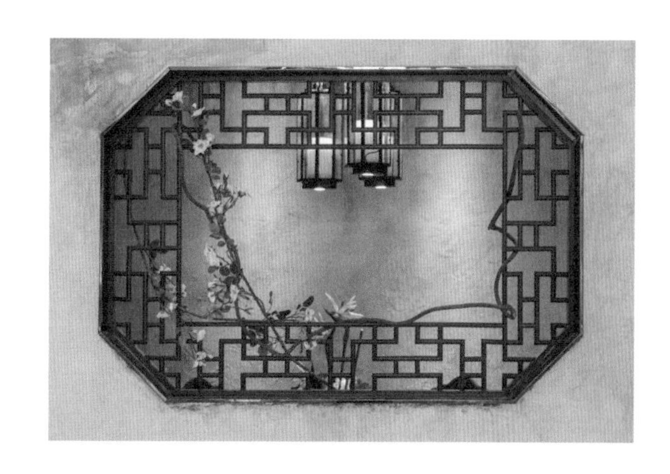

空间传递的历史味道

六金海南鸡饭

工程档案

项目地点 中国，宁波
竣工时间 2016年
设计单位 宁波正反室内设计咨询有限公司
主设计师 王琛、蒋沙君
项目面积 64平方米
摄影师 王飞
主要材料 定制水磨石、软木、防腐木、清水泥板等

平面图

1. 四人区
2. 卡座区
3. 吧台区
4. 大吧台区
5. 收银区
6. 洗手间
7. 后厨

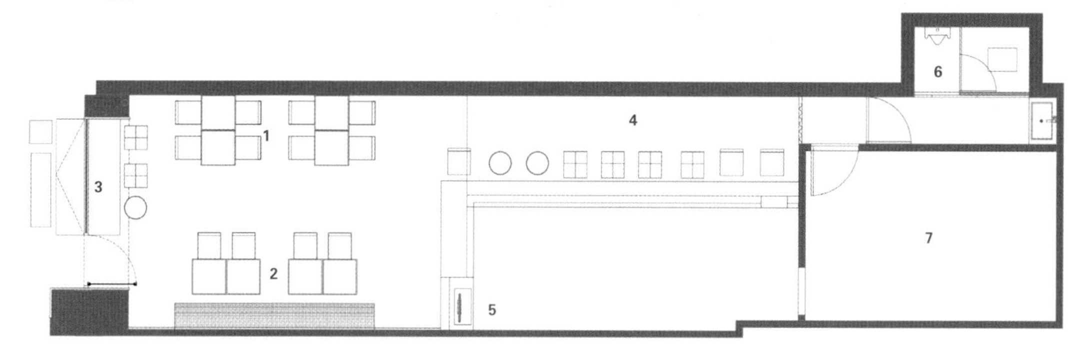

海南鸡饭
LUK KAM

设计理念

莫履瑞在20世纪二三十年代从海南岛到新加坡，以卖鸡饭为生，他与一般小贩不同，用双手提着两个竹笼， 一个装鸡，一个装饭，圆圆胖胖的饭球颇有特色。鸡饭，在海南话里叫作“guail bbuil”（鸡糒），是正宗的叫法。20世纪初期，随着移民潮，这个菜式传至东南亚，包括马来西亚、新加坡、中国香港及泰国等地发扬光大。六金海南鸡饭创始于杭州，在创始人品牌经营下，六金海南鸡饭辐射周边城市，也在宁波人气爆棚的印象城商圈附近有了首家六金海南鸡饭。

海南鸡饭成熟发展于马来西亚、新加坡、中国香港及泰国等不同地域，自然会有很多店铺的设计带有不同地域的文化以及特点，近几年海南鸡饭在中国流行甚快，很多店铺的定位，使海南鸡饭成为人们日常生活中快速、便利、独具风情的类型。2016年9月，正反设计接手六金海南鸡饭宁波店铺设计，对鸡饭重拾本质的属性，试图抓住鸡饭历史所带来的魅力。

希望通过空间改造设计去思考一种味觉的传递。

设计说明

通过这个项目，正反设计试图打破人们一贯对海南鸡饭就餐空间的传统定义，摒弃了很多不同的地域所属的浓郁色彩，以简单的材质表达了对鸡饭的理解，希望在就餐期间，制造人与人交流以及对待食物的注视度。

空间呈现大面定制水磨石，在灰色水磨石内掺杂了小块的爵士白大理石，意在用鸡蛋壳破裂开启空间设计理念的开端。鸡作为品牌主要的要素，正反设计用联想法把相关信息点让品牌主题凸显出来。

在无意间会踩到水泥地面内嵌的黄铜鸡爪印，墙面定制软木让人产生片刻的思考和停留，在此正反设计通过一个系列海报设计阐述了鸡的演变，一个空间视觉线索恰恰是味觉的延续。

吧台区和操作区的通透处理让整个空间充满着鸡饭本质的匠心和专业性。正反设计对空间的家具做了重新改造以及设计，六边形藤编和粗糙木面，更多想通过视觉结合触感让空间层次更为丰富。人们在短暂的就餐中不经意的触碰、观察、交流，为快节奏的忙碌都市生活带来些许趣味和思考。

工程档案

项目地点 中国，合肥

竣工时间 2015年

设计单位 胡迪设计

主设计师 胡迪

设计团队 金磊、聂文钦

项目面积 1150平方米

摄影师 金啸文

主要材料 老木板洗白、水泥、现浇混凝土、细竹、夯土肌理漆、钢板、实木格栅

一层平面图

1. 卡座
2. 接待台
3. 包厢
4. 洗手间
5. 果吧及酒水区
6. 凉菜间
7. 大锅灶
8. 面点区
9. 点餐区

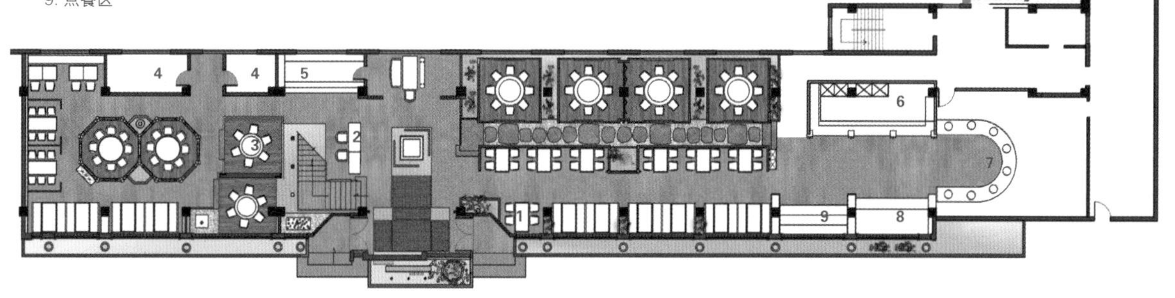

二层平面图

1. 包间
2. 洗手间

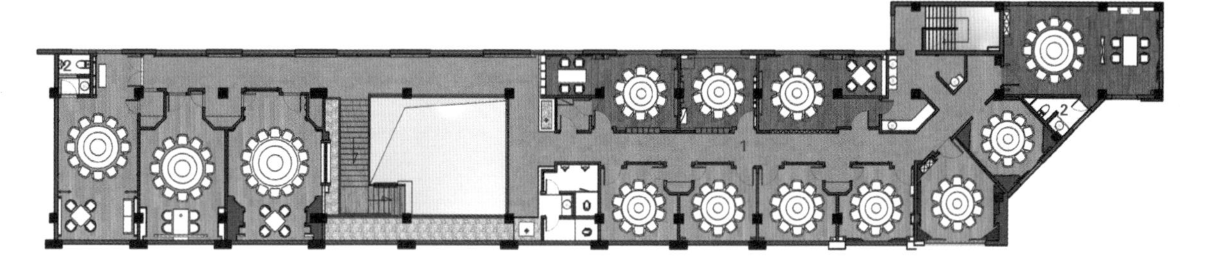

设计理念

小灶王是安徽知名的老字号品牌，以浓厚的亲民情怀受到不同阶层百姓的喜爱。

此案位于合肥市风景秀美的大蜀山东麓，设计师致力于改变人们对传统餐厅的固有印象，让品牌焕发新生。设计师将中国自然田园村落的形态意向为内建筑空间，通过巧妙布局层层展开、移步换景，力求让现代都市人回归质朴与自然，以构建出“绿树村边合，青山郭外斜，开轩面场圃，把酒话桑麻”的诗境。

设计说明

入口处的中厅用高耸的木制栅栏直通入顶，产生强烈的视觉冲击，让规矩的空间充满层次，同时也成为进入“村口”的象征。入口左侧的一排钢结构房子与土墙之间形成的窄巷，漫步其中意境悠远。右侧区域的半敞开式临水瓦舍与亭子排列有序，四周竹林树木相映成趣，水系穿梭其间，仿佛回归乡土田园。围绕楼梯的钢构造型嵌装红色

玻璃，摇曳的烛火置于其间，让光影灵动起来，如星空般璀璨。水吧背面的旧木船荡起浮萍，悠然自若，似若梦回徽州。

室外的天光通过铁艺花格或竹木栅栏，被切割出的光影，散发出独特的韵味，让内心宁静安逸，让人们产生回归山水田园的悠然情怀。

浓缩的海南味道

大椰真味佛山南海万科店

工程档案

项目地点 中国，佛山

竣工时间 2015年

设计单位 广州市思哲设计院有限公司

主设计师 罗思敏、招志雄

设计团队 黄品儒

项目面积 731平方米

摄影师 广州市思哲设计院有限公司

主要材料 环保材料、海南特色材料定制（如椰壳、藤制装饰等）

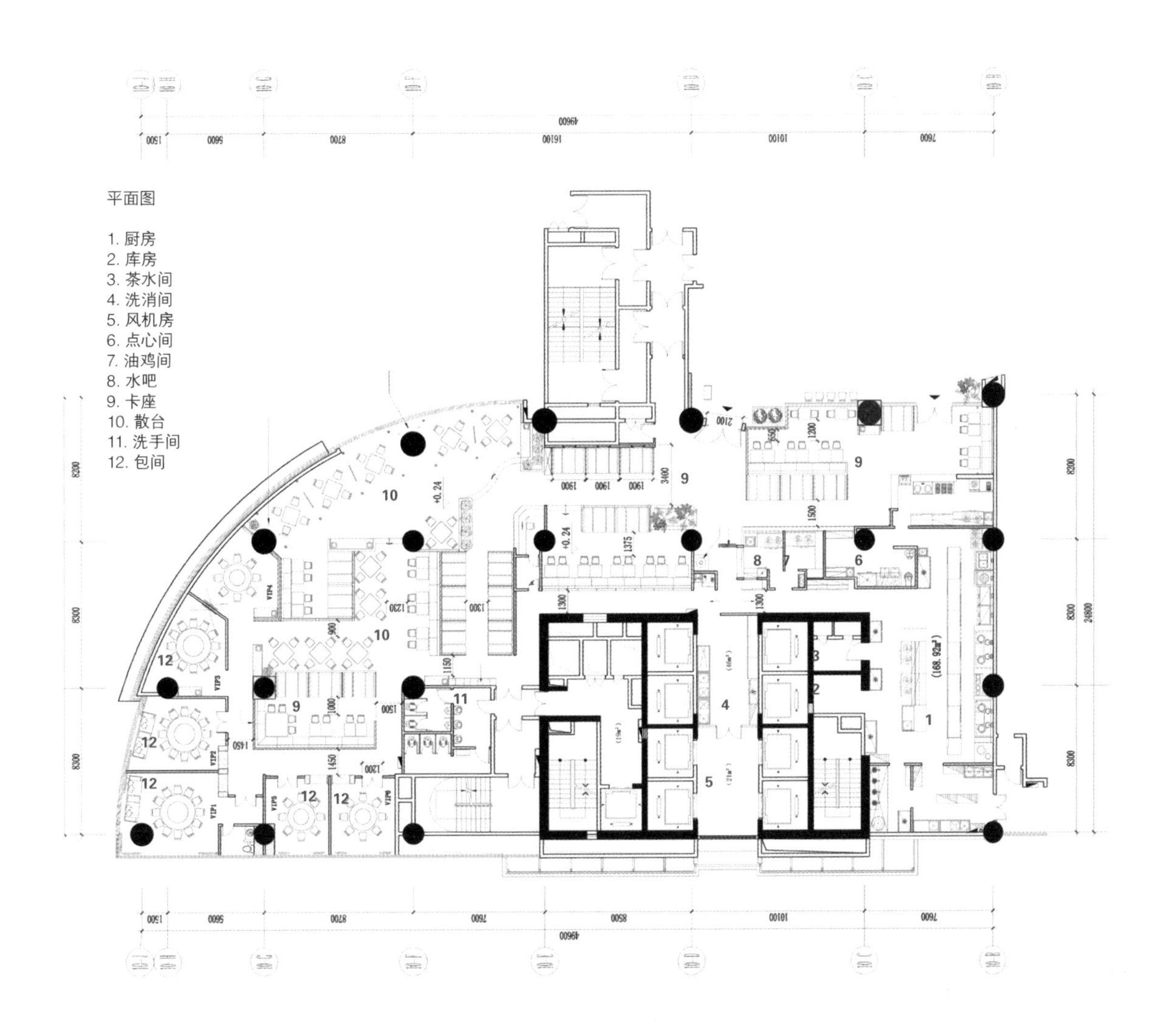

设计理念

大椰真味万科店位于佛山市南海区桂澜路南海万科广场，在 731 平方米的空间里，设计师以情景式设计手法，创造了一处交融着热带风味与民族风情，有着海南特色美食与文化情调的天地，演绎椰乡味道。

设计说明

大厅里高低错落的餐区，提取“吊脚楼”元素的隔间，透着椰子清香的吊帘格挡，配合波光潋滟般的光影效果，自然而然就感觉沐浴在水色天光里，感受海水流动脚畔的柔软，细细体味生活的宁静与纯朴。当夜幕降临，更令人联想到温馨的椰港小镇。一边是万家灯火，一边是点点渔光，浓浓的亲情和团聚的欢乐在此展示得淋漓尽致。

装饰细部上营造了海南人对家乡思恋的感觉，也体现了都市人对海岛生活的向往。海南特有的植物、藤制家具、黎族陶艺、图腾雕饰等成为营造环境氛围的点睛元素。无论饰物、陈设、字画，无一不蕴含着设计师的匠心与巧思。处处是景，处处是情。

新时代的火锅魔幻主义

黄梁一孟餐厅

工程档案

项目地点　中国，重庆

竣工时间　2017年

设计单位　水木言设计机构

主设计师　梁宁健

项目面积　600平方米

摄影师　水木言设计机构

Summer house

设计理念

重庆特有的魔幻现实主义贯穿于空间之内，就像这座码头城市迎来送往的聚散交错；人们对旧时光的迷恋，对新时代的向往，在这里迅速找到答案。

火锅，麻辣鲜香是快意于江湖的味蕾爆点；倾城而出的火锅军团充满仪式感的客迎八方，倒扣的吊装呈现方式，与重庆魔幻的日常相呼应。

孟非和黄磊开了家火锅店，当智慧与文艺结合在一起，再加上火锅，将是怎样的一种空间呈现？火锅，作为重庆江湖菜的代表，是城市人文的缩影。重庆独特地貌与气候，以及码头生活所催生的独特饮食习惯，让空间有了与人们进行内心交互的可能。

最初打造餐厅的想法，也是孟非与黄磊的情怀所在，从非诚勿扰的相见恨晚到深厚感情的积淀，餐厅的场景应该是一种记忆的延伸与唤醒。它有着老重庆的市井气息，同样也应该有着当代的审美与寄望。人们能够在这个场所内，找到一些与两位创始人对话的可能。

设计说明

现代建筑构架下，重庆九门八码头的鲜活市井场景，呈现在远方的画框里。在中轴对称的对景关系下，过去的时光，在当代艺术的照亮下，折射向未来，彼此相呼应。

青山蜿蜒的坡坎，漫天灯火交映在老屋与广厦之间，以小见大，这里有城市、建筑、人文的矛盾性与融合性。如果要定义黄粱一孟的空间独特性，有一种很接地气的说法，就是“很重庆美女的存在”。

久居重庆的人热爱这座城市和火锅，就像热爱重庆美女在中国的独特存在一样。一个重庆女孩身上给你有两种感觉：邻家小妹的亲和；摩登女郎的高冷。这种矛盾碰撞出只有重庆美女才有的双面美。空间里盈翠的绿植娇嫩欲滴盈盈探身，肃穆的古构凉亭与铁纱网透出冷峻下的端庄。而这恰恰就是黄粱一孟独特的黏人之所在。

智慧与文艺书写出的两个包厢，分别命名老孟家和老黄家。同一屋檐下的亲密无间无须更多表达。满满的书架从墙面到天花生长开来，穿越在新旧时光的风景里。空间场所的转承关系，更多是向人们诉说一种感性的存在。不同的人们在这里，可以感受到餐厅两位创始人对火锅的热爱，也能体会到场所对重庆地缘文化的当代背书。

30

从道教文化看素食餐厅设计——从食物到空间的返璞归真

不净·素食馆

工程档案

项目地点 中国，新疆

设计单位 叙品设计

主设计师 蒋国兴

摄影师 叙品设计

主要材料 黑色荔枝面大理石、木拼条、斧刀石、方管

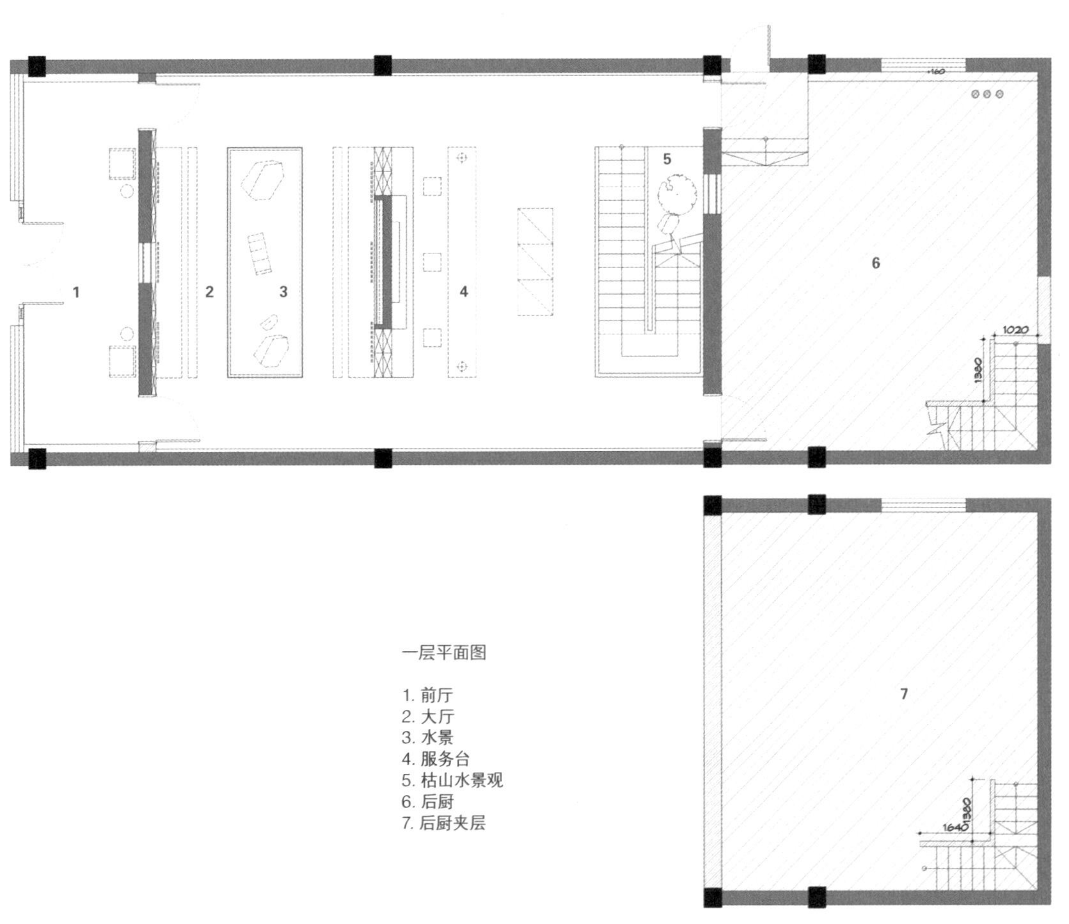

一层平面图

1. 前厅
2. 大厅
3. 水景
4. 服务台
5. 枯山水景观
6. 后厨
7. 后厨夹层

设计理念

素食，表现出了回归自然，返璞归真的道教文化理念，也反映出现代人回归健康，重视环境保护的心愿。吃素，除了能获取天然纯净的均衡营养外，还能额外地体验到摆脱了都市的喧闹和欲望的愉悦。悄然传播的素食文化，使得素食越来越成为一个全球时尚的标签。素食，已经成为一种全新的环保、健康生活方式。

本案是一个主打素食的餐饮空间，在设计元素中吸取了道教文化中的建筑符号，木格、六角窗、内凹的壁龛、白砂岩或斧刀石墙面……整个空间分为二层，一楼为接待收银区，二楼是包间卡座区。

进入大厅，一整面的白砂岩，中间设计了一个小小的六角窗造型，两边摆放着简洁的中式椅子和落地灯，既简洁又古典。内凹的壁龛在灯光的照射下发出淡黄色的光，其他三面墙均以木格作为装饰，斯文又透气。顶面弧形的竹编看起来像中式走廊的屋檐。

往里面走，斧刀石的墙面，粗狂又大气。等待区的中间规划了一处水景，有山有水还有小船，顶面还飘着一处云彩，这样的空间使人想静不下来都难。透过六角窗，又可以若隐若现的看到前厅。黑色方管和铁板组合的层架插满了不规则的小木块，很好地起到了装饰的作用，给人一种质朴的感觉。

服务台延续了隔断的造型，木质的小花格静静地立在那里，黑色层板架上摆满了红酒，玻璃层板上面发出淡淡的黄光，红酒在灯光的弥漫下一层层静静的排列着。墙面是一幅巨大的黑白水墨画，顶面的设计延续了前厅顶面的造型。

楼梯下面做了一个枯山水景观，白色的粗沙，尖尖的石头，挺拔的枯树，与水景形成鲜明的对比，一动一静，一实一虚。

二楼走道采用了木拼条的造型，墙顶结合，地面采用了亮面的黑色地砖，内凹的壁龛在灯光的照射下发出微弱的灯光，土陶罐随意地摆放着，整个空间没有多余的灯光，简洁又素雅。卡座区延续了一楼的隔断造型，顶面设计了窄窄的天窗造型，透过玻璃，微弱的月光洒进室内，偶尔还能看见点点繁星。

包间采用了条砖、斧刀石、泥色海藻泥、黑白壁画等质朴粗犷的材质，搭配简洁中式的家具，点缀一下白桦木的装饰，给人一种自然、素雅的空间氛围。

洗手区的墙面贴满了粗犷的斧刀石，地面是亮面的黑色地砖，形成鲜明的对比，台盆旁边的枯木在灯光的照射下愈发显得宁静，卫生间则采用了黑色的荔枝面大理石，低调而深沉。

二层平面图

1. 包间
2. 备餐间
3. 洗手间
4. 卡座

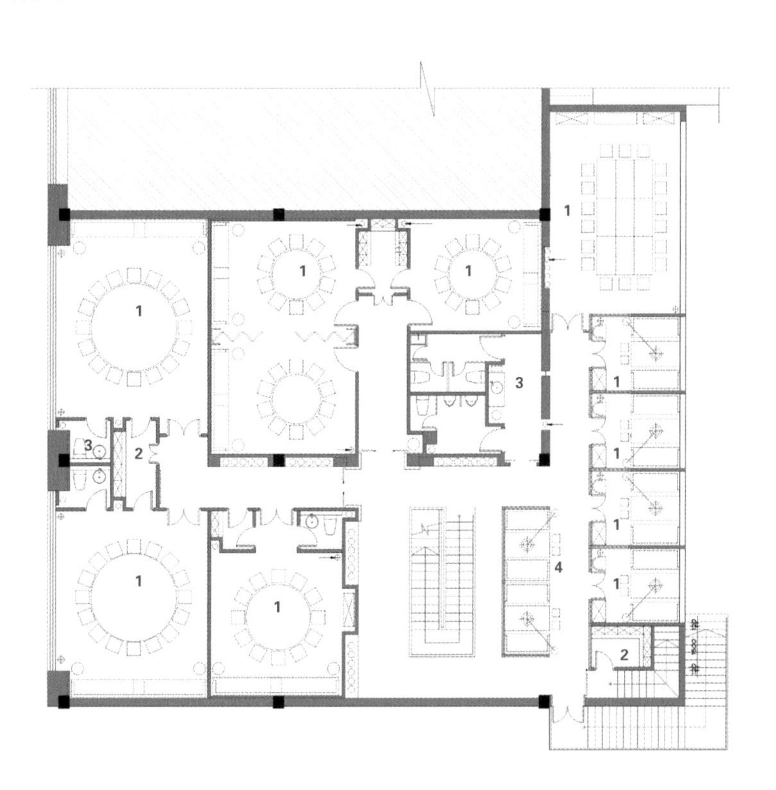

豆米博物馆

都市新大新鸿通城店

工程档案

项目地点 中国，贵阳

竣工时间 2015年

设计单位 深圳市华空间设计顾问有限公司

项目面积 250平方米

摄影师 陈兵

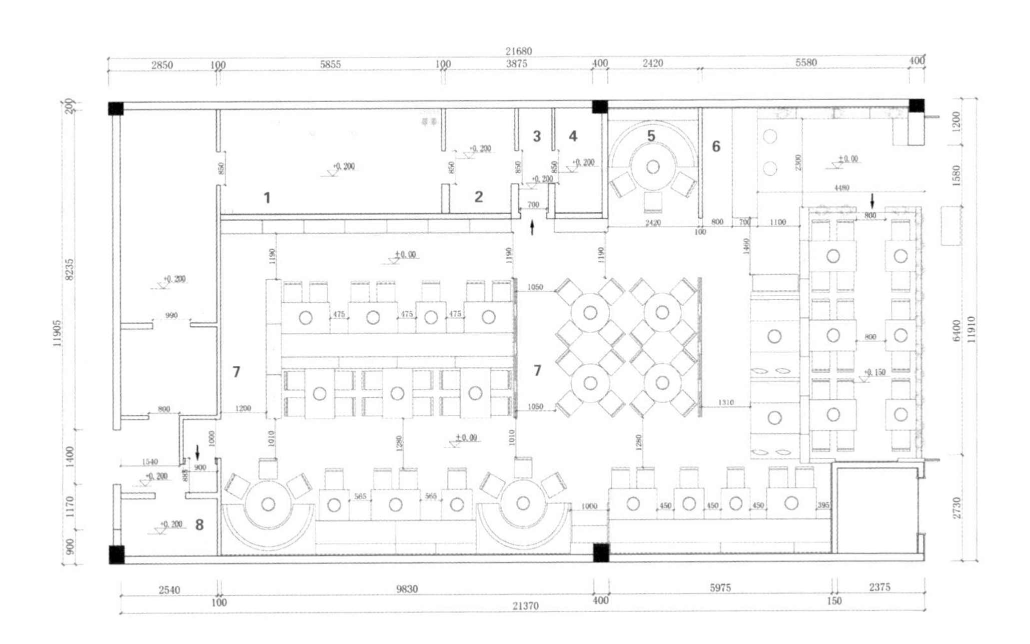

平面图

1. 烧炖间
2. 凉菜间
3. 软水间
4. 水果间
5. 展示柜
6. 收银台
7. 座位区
8. 洗碗间

浓浓豆香 真情共享
Sharing the beans sharing the loves
都市豆米火锅
新大新

设计理念

都市·新大新豆米火锅店始创于1993年，其首创的豆米火锅现已成为贵州饮食新代表，也成为世界各地众多来黔顾客的首选特色美食。“红豆生南国，春来发几枝？愿君多采撷，此物最相思”，相思乃至刻骨，红豆寄寓之深，令人动容，可见红豆也是情之所寄。如今吃着豆米火锅，你可曾想起生命中的某人？

本案选择“豆米博物馆”的概念作为设计主题，当用餐不再只是简单的食用，而是从味觉到视觉再到心灵的过程，空间寄存了太多的朴实而变得静怡。这样的一个餐厅，将给都市中快节奏生活的人们提供了一个既可以品尝美食，同时也可以享受最原始的农家气氛的朴实之角落。其设计理念是让城市消费者感受“大自然静逸深处的农家朴实”，用现代的手法呈现最朴实的豆与米的文化。浓浓豆香，真情共享！让一切可见更自然，更深入了解豆文化，带来视觉上的互动感受。

目标主要客户群体为青年群体；品牌定位为打造一流餐饮企业，引领现代健康美食风尚。此次豆米火锅以豆类博物馆情调为蓝本，表达一种对城市喧嚣下向往质朴生活的感怀。整个空间用木色系为基调，通过这种强烈的色彩唤起食客的怀旧情怀。

豆子种植
选种 颜色一致颗粒饱满
种子
收获
FLOWERS
GARDEN
FLOWERS
GARDEN

简洁自然的空间结构其精髓是空间的自由与流动。当人的躯体不被空间禁锢，才能获得心灵的自由。空间的自由与流动，才是人性的必需。自由流动的空间，充满序列、节奏，有景深层次的变化，因而也更容易产生诗意。在这样的空间里就餐，心情定是愉悦放松的。

周围陈列的豆类物种突出农家淳朴特色的手法给人视觉带来强烈冲击力，情调感十足的小灯泡配上质朴的装饰画，给空间添加了情趣与主题相呼应的氛围，晕黄的灯光与朴实的空间基调相得益彰，娴静温柔地带来一种安全感。

复古怀旧的墙面与豆类竹藤等极具现代农家风情的相互交融，贯穿整个空间。古朴的色彩与纹理将淳朴的农家场景化为现实，木料所散发出的特殊香味给予空间一种遐想。这种自然的怀旧格调，将体验者从都市的冰冷中唤醒，去体验另一方自然朴实的味道。

外来文化的中用

大口吃手创汉堡

工程档案

项目地点 中国，新竹

竣工时间 2015年

设计单位 伊欧探索空间设计

主设计师 郑又铭

项目面积 90平方米

摄影师 龚锐

主要材料 拼花地砖、银霞玻璃、冰柱玻璃、铁件烤漆

平面图

1. 厨房
2. 座位区
3. 接待台
4. 洗消区

设计理念

大口吃手创汉堡，是一间以新式创作型汉堡为主要餐点的餐厅。设计师以“新复古风格”为主要设计手法。

设计说明

入口意象为复古小木屋造型，循着复古花纹图腾地砖拼贴踏入店内，迎宾区是一个白色长形的服务台面和几盏利落的金属造型灯具的吧台，将消费者的目光引进来，端景为木作汉堡造型的大 LOGO 加上大自然的水绿色墙面，营造出欢愉舒适的用餐气氛。

餐厅墙面以各种大地色彩为主要色彩基调，营造出温暖自在的氛围。以银霞与冰柱玻璃作复古式窗户，并作为迎宾区和用餐区隔屏。用餐区的家具以木头质感的用餐桌和水绿色座椅，加上复古造型灯具，以呼应设计主轴。

餐厅壁面的装饰品选择色彩缤纷、趣味图案有虾子、鱼、西红柿、青椒、三明治、汉堡、奶昔杯……的素材，传达具有丰富多样的料理，并散播欢乐愉快的用餐环境。

结合欧式风格与工业风格的中餐厅

醉玥餐厅

工程档案

项目地点　中国，乌鲁木齐
竣工时间　2015年
设计单位　叙品设计
主设计师　蒋国兴
设计团队　王志、陆详、杨小云、金娇娇、刘芳
项目面积　1500平方米
摄影师　叙品设计
主要材料　镜面不锈钢、黑白红马赛克砖、铁丝网、作旧条砖

平面图

1. 前厅
2. 服务台
3. 散座区
4. 包间
5. 热厨房
6. 备餐区
7. 酒水间
8. 冷菜间
9. 洗碗间
10. 中式点心间
11. 冷藏库
12. 冷冻库
13. 验货区
14. 粗加工

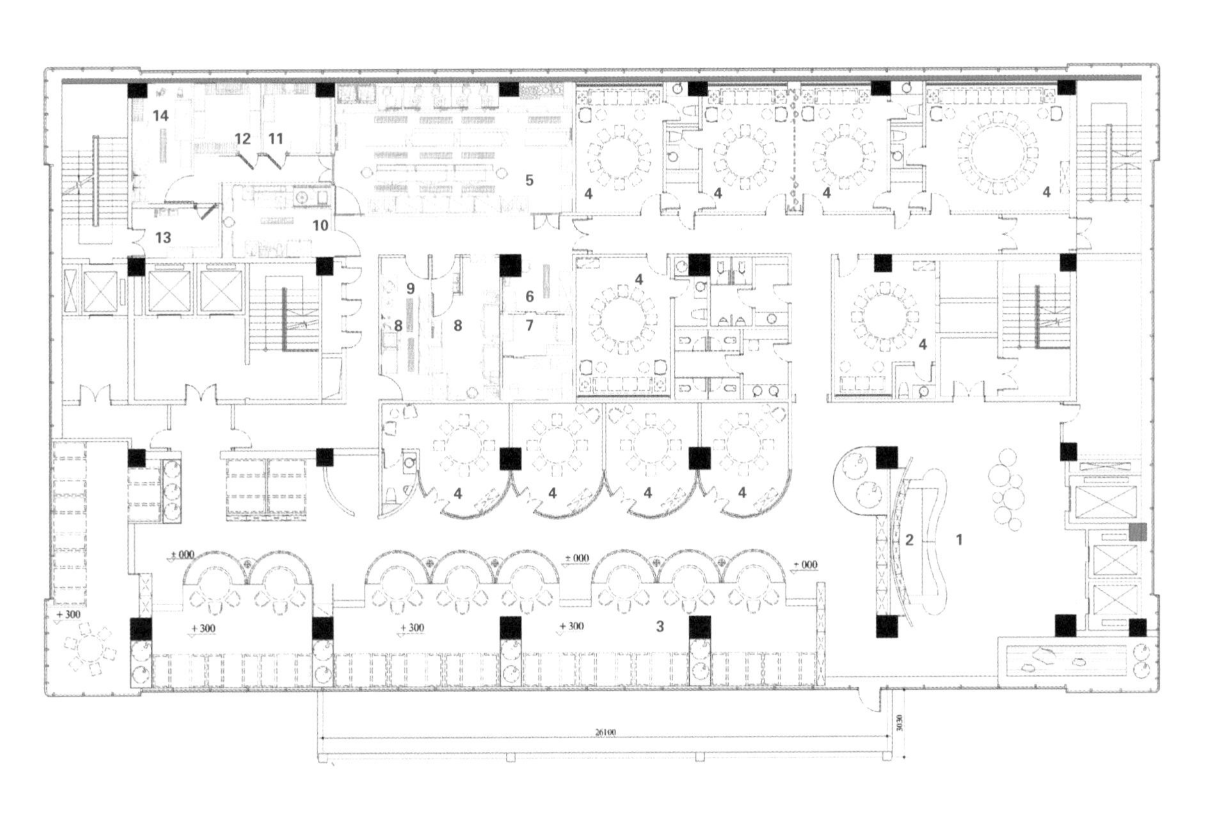

设计理念

本案是新疆乌鲁木齐东街项目综合体的一个对外中餐厅，是一个主营中餐的中高端餐厅，主流客源以年轻人为主，所以设计师考虑以年轻化作为设计主线；以现代欧式，带点当下流行的工业风来诠释空间氛围。以作旧的材质来演绎复古怀旧情怀，现代与怀旧的结合，营造出带有浪漫气息的时尚餐厅，来引领与提升年轻人的消费方式与生活享受品质。

设计说明

在平面的规划上，设计师将功能区域划分分明，主入口直对餐厅的服务台，便于来客直接享受店内服务，更利于服务员的快捷引导。服务台运用镜面不锈钢材质，将地面黑白红马赛克砖映射的更加丰富，设计师故意在黑白马赛克砖穿插点缀红色，更加活跃了空间氛围，屋顶异型球灯造型时尚，增加了空间的温馨感，在氛围中飘浮着一丝迷离的味道。前厅的中空地带，人性化地设置了定制的不锈钢不规则圆形矮凳，为来客等位之用。经过前厅服务台，转角遇见芭蕉绿植景观，芭蕉是热情的象征，烘托出店家的迎宾之道。再往前走是开敞的散座空间，设计师将餐厅最后的位置留给了客户，透过落地玻璃人们可以体会午后阳光扬洒，夜晚星空的迷醉。散座的中间，设计一排圆形卡座，丰富的造型，给来客带来更多的可选性，也打破空间的局限性，与对面的圆形大座包间相互呼应。圆形卡座背面同样运用镜面不锈钢，延续材质在视觉上的空间扩展。半圆形包厢外用铁丝网分隔，半通透的铁丝网除去包间的局限感。过道的另一区域是餐厅的包厢区，与散座区分隔两边，提供了安静的就餐环境，也提升了就餐私密性，包厢的氛围与外围极具现代时尚工业风的风格不同，温馨怀旧的情怀直入人心，墙面的透光假窗给予包厢通透性，不规则的黑白挂画叙说过往，作旧处理的木地板、作旧的木假梁，墙面的作旧条砖，随性而感性，在鹿角灯的烘托下，仿佛要开始讲述一个故事，家具在整个环境里也是重要的一环，欧式家具经过设计师的精挑细选，散落在餐厅中的每一处，它们也是故事中的一员，柔化了空间。

本案的顶面、立面造型经过了简单的处理，在色系上以中间色为主，地面的红色用来活跃氛围，灯光营造与材质的运用，丰富了空间。后期的软装与家具组合，体现了餐厅的时尚、浪漫、复古的气息。

茉莉餐厅

工程档案

项目地点 中国，阜阳

竣工时间 2015年

设计单位 安徽布兰卡设计艺术顾问有限公司

主设计师 冉晓兰

设计团队 王志、陆详、杨小云、金娇娇、刘芳

项目面积 400平方米

主要材料 铁艺、线条、花砖、木地板

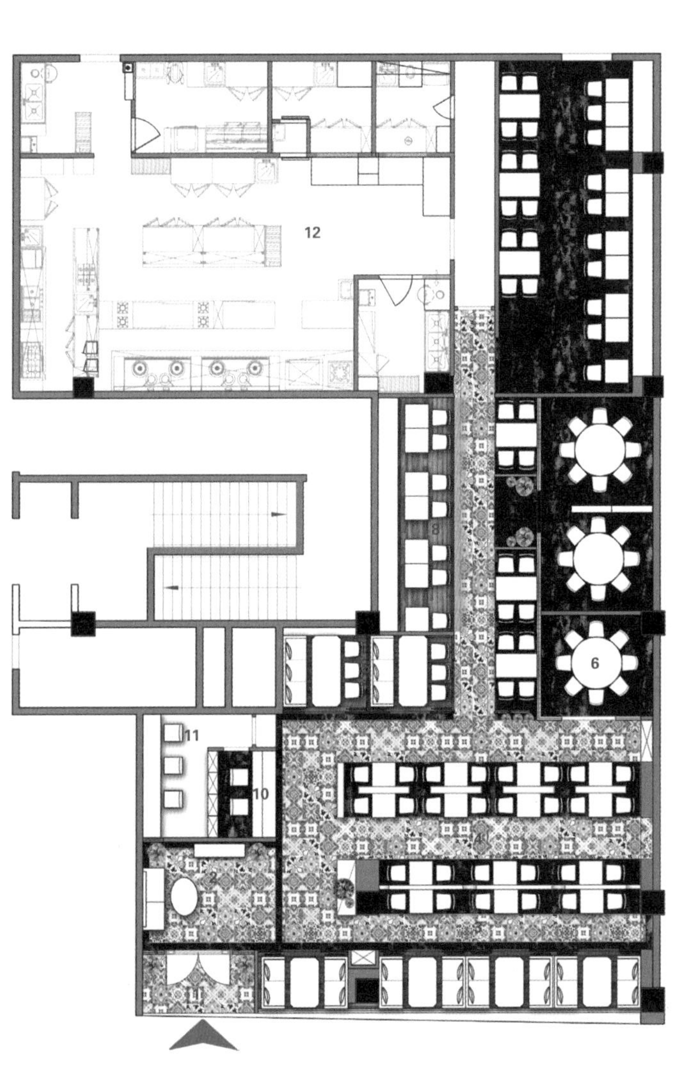

平面图

1. 外厅
2. 门厅
3. A 餐区
4. B 餐区
5. C 餐区
6. 包厢
7. 连体包厢
8. D 餐区
9. E 餐区
10. 收银台
11. 办公室
12. 厨房

设计理念

茉莉餐厅是一家主打创意菜肴的时尚餐厅。茉莉一直给人引导时尚、优雅、小资的环境，或与好友聚餐放松闲聊，或与闺蜜喝杯下午茶，或与心上人约会——小资、有情调是餐厅的新形象。所以我们选择了混搭的风格，试图让顾客忘却周围的环境，走进一个带有异域色彩的小镇，在这里感受浓烈热情的文化，品味创意的菜品。

CAFE BAR
VINS DE BOURGOGNE

设计说明

色彩搭配是餐厅的一大亮点。铁锈红和墨绿的撞色，十分贴合异域的主题，带有热带的风情。我们添加了许多细节来平衡这种冲突，使得空间不是只有矛盾。郁郁葱葱的植物墙、怀旧主题的墙绘、吊灯投下的昏黄灯光、触手温暖的木饰面以及华丽的针织花鸟面料，每个物件背后都是故事。小镇与自然和谐而生。

软装设计也在异域的主题上做了延伸。我们在门头和包厢隔断设计大量的藤蔓植物，攀缘而上的枝丫搭配花鸟，象征着小镇旺盛的生命力。怀旧的老电影海报，随处可见的火车元素，带着人们穿越小镇的过去和现在。亚麻窗帘隔开的卡座，照顾到客人的私密需求，有些故事只能悄悄地诉说。书架上满满的书籍，翻开就是熟悉的人和事。

001

创意的无限

海云间海鲜餐厅

工程档案

项目地点 中国，南京

竣工时间 2015 年

设计团队 陈广暄、朱旭、吴翔、魏志翔、滕玉兰

项目面积 1900 平方米

主要材料 水磨石、铜条、做旧板材、定制壁纸、热轧板、不锈钢镀锌钢管、木纹地砖

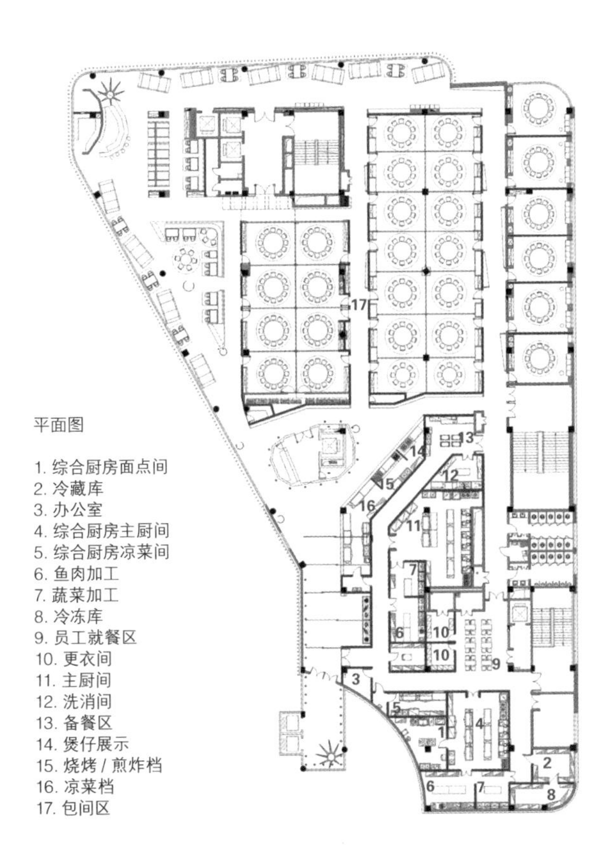

平面图

1. 综合厨房面点间
2. 冷藏库
3. 办公室
4. 综合厨房主厨间
5. 综合厨房凉菜间
6. 鱼肉加工
7. 蔬菜加工
8. 冷冻库
9. 员工就餐区
10. 更衣间
11. 主厨间
12. 洗消间
13. 备餐区
14. 煲仔展示
15. 烧烤 / 煎炸档
16. 凉菜档
17. 包间区

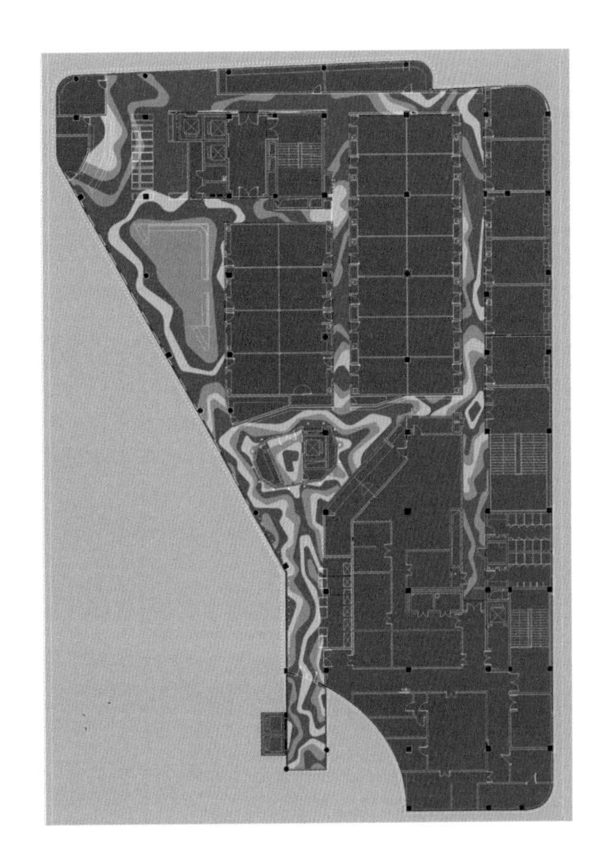

设计理念

如何在低成本的预算之下，实现一个高技术的设计作品，并给每一位用餐客人一个全新的海洋文化。在一个充满梦幻、绚丽的海洋世界里，给客人提供一个轻松愉悦的用餐环境。同时灵活多变的空间组合，既能为两两相约的情侣提供幽静的空间，也能为三五成群的好友提供相聚的小天地，更能敞开为举办宴会提供超大空间。这就是海云间的一角，里边随手拿起一样东西，都是充满故事的。想要了解更多吗？那就跟我走进海云间的奇妙世界吧。

设计说明

低成本高品质。独家定制的高清木纹肌理壁纸和岩石壁纸，达到以假乱真的效果，在有限的造价预算中实现了最大化的空间品质。在此项目中，我们重新启用了被大家遗忘多年的水磨石做法，在图案造型和颜色效果以及工艺细节上都做了新的调整，加入了大海的元素，让整个空间融会贯通。灵活组合的木纹地砖在空间中也起到了点睛之笔的效果。

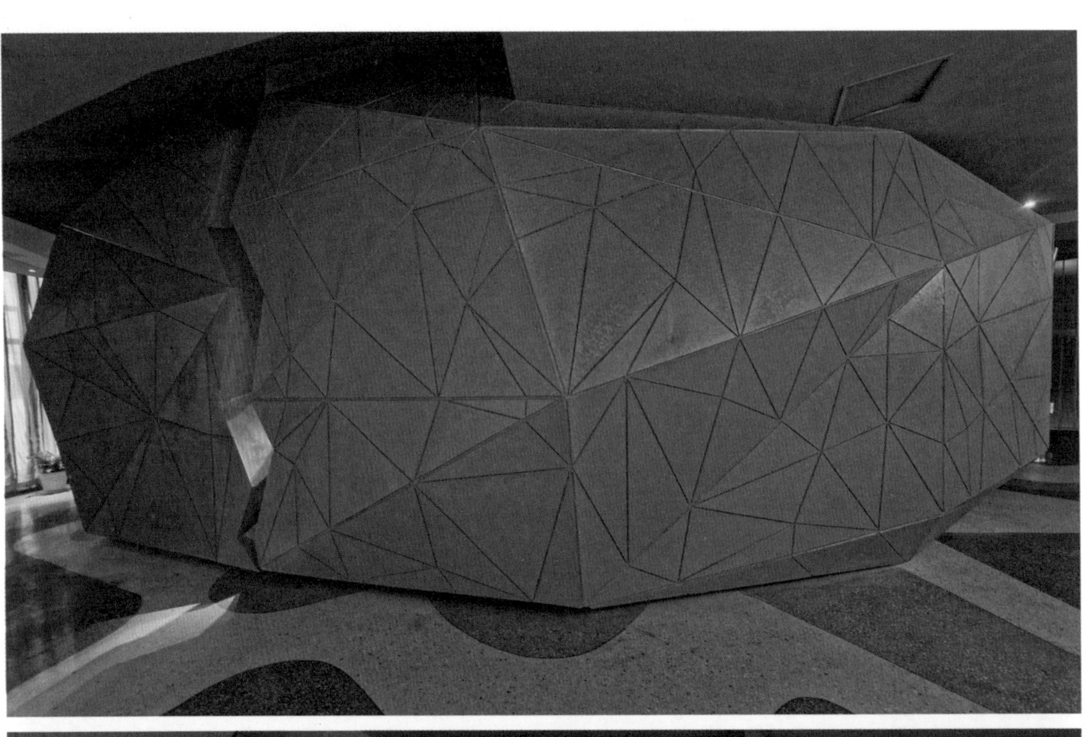

打造独特的空间。利用造价低廉的不锈钢管来制作棚架，中间结合草图大师软件不断的演练从而实现了常规CAD图纸无法灵活表现的空间形态。造型多变的礁石堡也是设计师们通过三维软件不断的模拟修改，并和现场施工人员现场仔细的放线校正得出的。当然它的材料也是低廉的石膏板和木工板，再加上我们亲自调配的乳胶漆完成的。

灵活多变的空间。为了满足客户对空间多功能的需求，我们把不少包间的隔断做成了可移动收纳的移门。在移门上模仿了艺术大师埃舍尔的经典悖理图案，重新包装了包间移门，让原本单调的空间充满了艺术和喜庆的分子。

充满趣味的空间。我们在单独的包间里，跟所有的客人开了个小小的玩笑。整体的立面和顶面空间，都随机的向一侧倾斜了几度角，让人有种进入船舱用餐的感觉，那种视觉的混淆使得进入此空间的人有点晕乎乎的，未喝酒，人先醉。

消火栓
02

拒绝拿来主义。坐在漂流桶里，看着旁边礁石堡造型的卡座，远处晃动的灯塔还有桅杆上的缆绳，看着船舱里的人们把酒言欢……这不是梦境，这就是海云间，一个让常年生活在内陆城市里的人们，可以亲身体会到大海气息的海鲜餐厅。这里几乎每一件饰品，都是经过我们设计加工定制形成的，一楼门头巨大的金属鱼篓、栩栩如生的章鱼爪、墙面的航海图、张牙舞爪的大章鱼，远处依稀亮着灯的灯塔，漂流桶一样的餐桌等，这些都是经过设计师精心设计，并且反复打样才制作出来的。我们的设计师和制作工人已然不把它们看成装饰品，而是用对待工艺品的态度去完成，精细到每一个螺丝的固定方式。

唤醒童年的记忆

小珺柑串串香工体店

工程档案

项目地点 中国，北京

竣工时间 2015年

设计单位 北京瑞普设计有限公司

主设计师 田军

设计团队 林雨、全洪波

项目面积 400平方米

主要材料 老房架、夯土墙、金属瓦楞板、电线、水泥地砖、手绘墙面、鸡雕塑

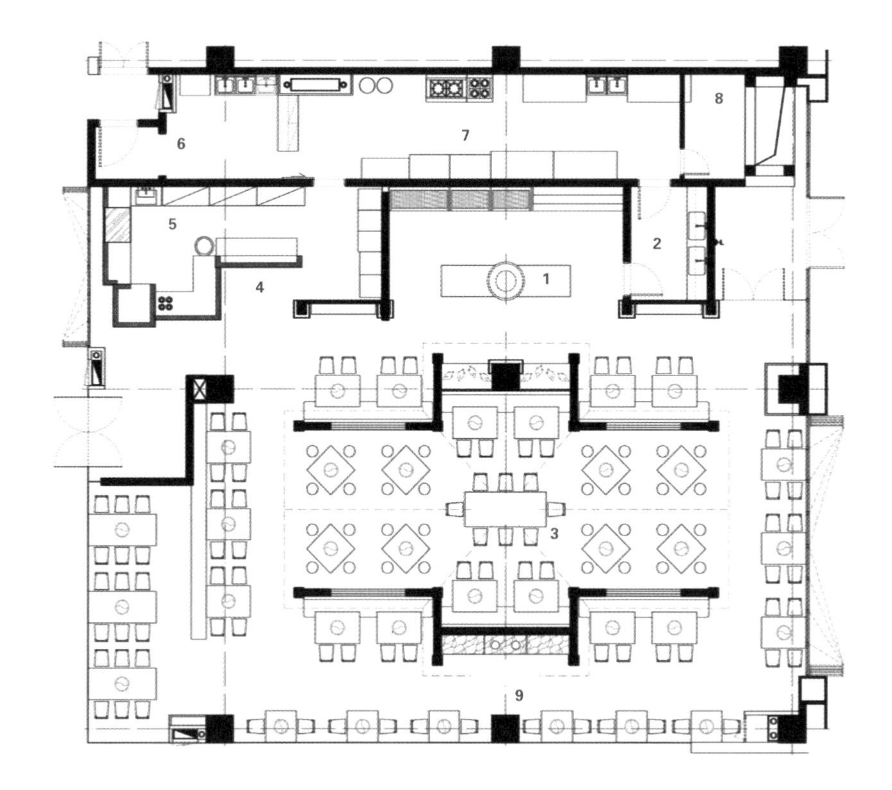

平面图

1. 自助餐厅及菜品区
2. 更衣间
3. 就餐区
4. 吧台
5. 水吧
6. 洗消间
7. 热加工区
8. 库房
9. 备餐区

设计理念

小珺柑串串香位于北京夜生活最热闹的工体商圈，年轻、活力、先锋、潮流是这里消费的关键词，我们试图想通过这个也是年轻人喜欢的项目——小珺柑串串香，来探索一个问题，如何做到通过设计让一个空间释放出更为微妙的气息——亲切的反叛、熟悉的陌生。

这个项目的使用面积为400平方米，分为用餐、厨房和自助选料三个主要功能，用餐区的平面划分则由一座山西农村拆下来的木房子来完成，分成内外两个既连通又分隔的互动区域，缺墙少梁的老房子，四面敞开的老木窗，让空间变得模糊而有趣，房子里，窗台下，木梁上等这些熟悉的建筑元素为这个空间的演绎提供了有年代、有故事、有温度的舞台。

小珺柑工体店，让设计师又重新思考原创设计的本质问题，真正的原创设计重要的不是寻找，而是唤醒，如何唤醒这些童年的记忆，从童年的世界里面去寻找一种很熟悉的东西，或者亲密的东西，在今天显得尤其珍贵，当然这和我们说的怀旧不是一回事，我认为这么做不单纯是回到过去，更多是为了摆脱现在，让我们在熟悉的空间里去面对陌生的世界。

设计说明

装修的材料基本上都是选择童年记忆里的旧物和现成品，这是一个很好的寄托情感，也是缓解我们情绪紧张的方法，曾经让我们迷恋的高音喇叭，颓败到随时坍塌的夯土墙，还有飞到房梁上、电线杆上、窗台上的老母鸡，我就想要得到一种既有热气腾腾的烟火气，又有鸡飞狗跳的超现实主义风格，电线杆上贴着中国人最亲切的小广告，有抓革命促生产的商丘饼干，也有治疗阳痿早泄的虎骨丸，我相信这些真实的生活痕迹远比那些溜光水滑、一尘不染的豪华酒店更具吸引力。

家具设计的灵感则是来源于中国 20 世纪 70 年代末期和 80 年代初期的集体记忆，卫生蓝的椅子和乳白色的小板凳，座高由常规的 45 厘米降低到 38 厘米，而餐桌的高度则由常规的 72 厘米降到 65 厘米，这种微妙的尺寸变化，可以让我们在不知不觉中重温幼儿园吃饭的童年时光。还有一个有趣的关于家具的使用，在古董家具市场淘来了 20 个老木凳，其中十个木凳被我倒挂在屋顶上，失重悬空，大头朝下，显示出一幅反叛颠覆而又漫不经心的场景。

为健康创新

蔬果料理华强北店

工程档案

项目地点 中国，深圳

竣工时间 2017年

设计单位 深圳市华空间设计顾问有限公司

主设计师 华空间设计

设计团队 华空间设计

项目面积 160平方米

摄影师 陈兵摄影工作室

主要材料 深灰色氟碳漆、白色小方砖、水泥地砖、水泥肌理漆、木饰面

平面图

1. 收银及备餐区
2. 座位区
3. 洗消区

设计理念

“ 绿萝流阴入隔断， 一草一木影成双；轻食闲把路人唤，拟把健康寄满心。”本次设计的餐厅品牌宗旨是阳光 、绿色、健康，健康和轻松是本次餐饮设计的重中之重，设计师本着对产品本身的结合及其创新来表现出其理念基调。

SELF

12
0
EO

EO

设计说明

将餐厅设计与食物体验融合在一起，设计师将整个空间都用绿植进行了点缀，恰到好处的绿植既不显得过于做作又不失本色。首先映入眼前的就是那原木及绿植墙幕，有着一股春意绿植散发出的清新空气直面而来，隔断式的设计让人更加好奇里面的景象，让人的视线不由自主地往里凑，看还有神么意外惊喜。

高挑的空间格局，黑色框边的落地玻璃，对空间有着某种“限制”来实现另一种“放大”，仿佛穿过玻璃仍在向前一直延伸。白天太阳的照射，晚上灯光的映射。配合着餐厅里的各种绿植，如同置身在森林，在每一处的树下都能感受到阳光般温暖的滋润，沉浸在绿植的怀抱中，远离了喧闹的都市。

还有看似随意实则根据美学来摆放的千层柜，不经意裸露在灯光效果下的通风管道，餐具旁边的自助饮水……很喜欢这种小细节，这能体现出设计师是真正地把生活的热爱来做设计灵感的，以人性化来体现设计的美感。

技术的新解

庖丁之舞营造的无形氛围

慕菲客自助牛排店

工程档案

项目地点　中国，宁波
竣工时间　2016 年
设计单位　青源设计
主设计师　高金锋
设计团队　金雪鹏、孙琳、李新丽、谢俊、孙飘
项目面积　300 平方米
摄影师　李金波
主要材料　杉木火烧板、水泥板

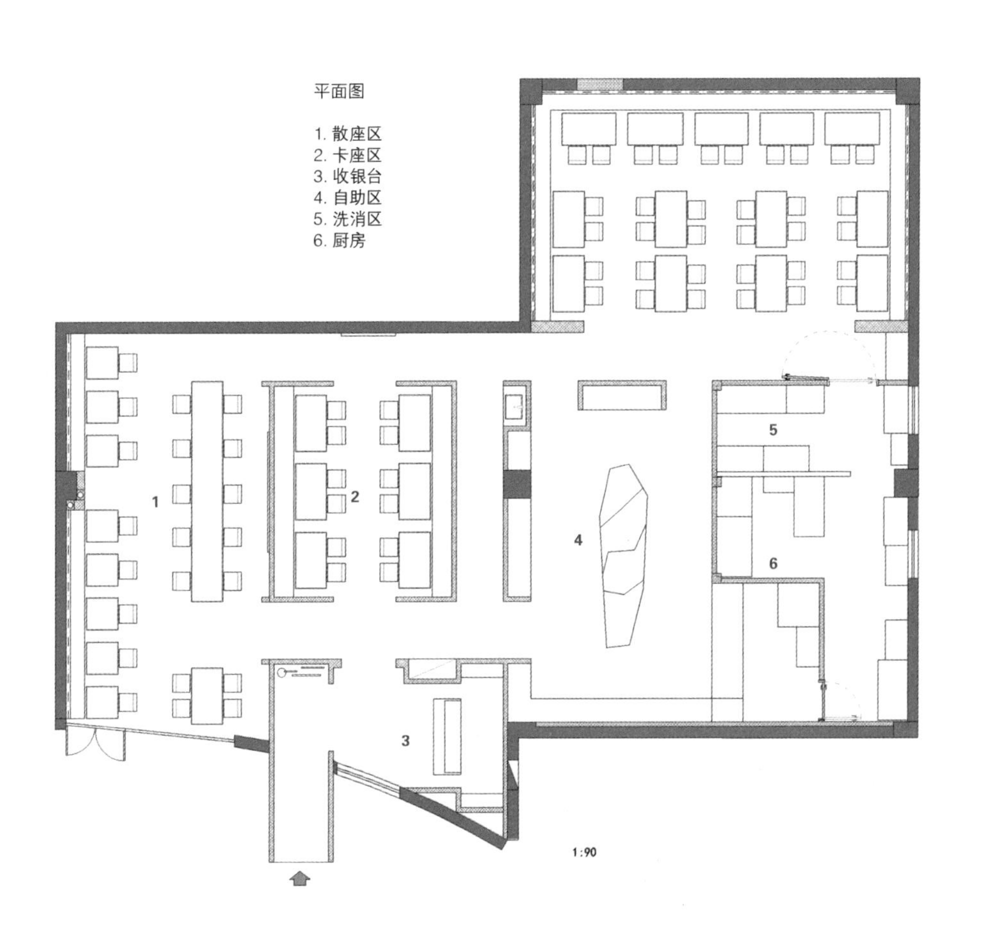

设计理念

慕菲客牛排餐厅经营者庞总说：“我有好的牛排和好的红酒，需要你设计一个有情调的环境。”而后设计出图再到施工竣工，设计师总结，好的设计是在塑造一个无形的氛围，好的设计师如一名好的庖丁，掌握事物的规律相通，下刀要准，操刀要稳。

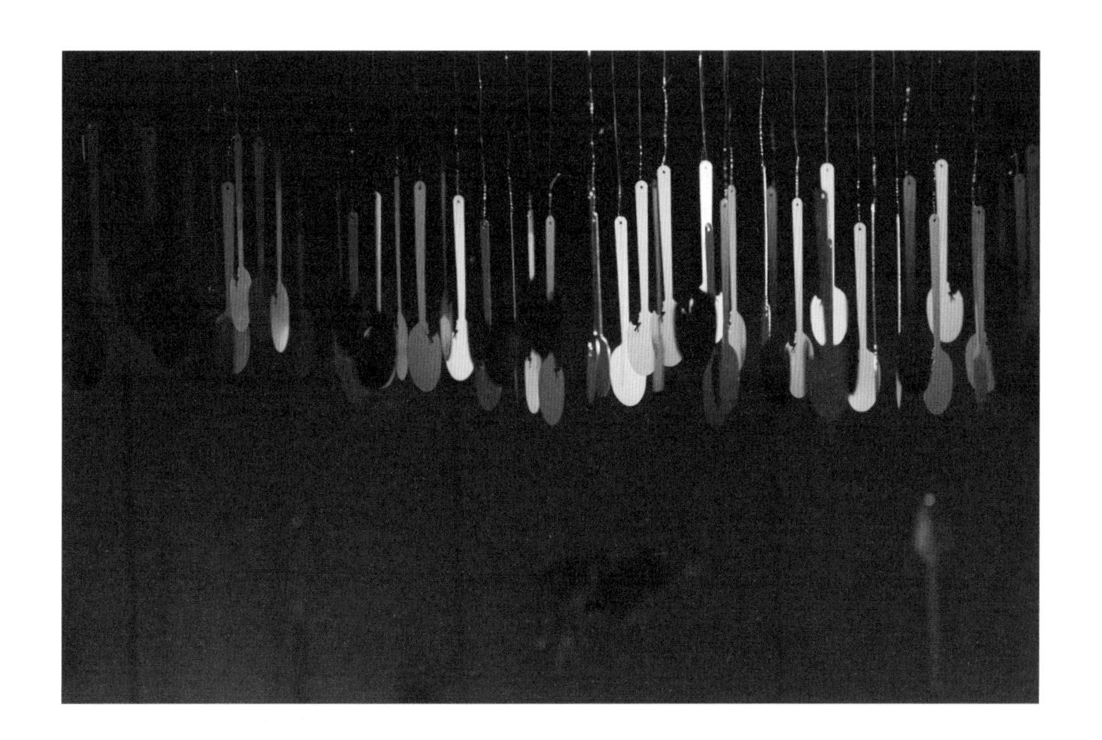

设计说明

营造一个浪漫的环境，灯光设计是灵魂。慕菲客的入口处以暖暖的大红色背景墙刻意降低照明亮度，以其深沉对应外在光线的亮眼，轻重照度之间凸显空间的动线次序。暖暖的大红色又给人一种温馨的感受，引人入厅。

进入用餐区，恰如其分的局部暖色照明从一个个小灯座的垂直面投射出来，使空间产生有趣的光影，勾勒出宴饮享受的轮廓。

采用“园必隔”的设计理念，利用泥墙、通道的曲折围绕及相通，不使人一目了然，既增大了空间利用率又满足了食客们不想被打扰的私密心理。

正如好的美食家为了寻找好的牛排，而去拜访牛。想要追求高质量的设计，也需要一些好的材料相互映衬。把一块块木板放在火里烧成黑亮色并使硬度恰到好处，火烧板的制作并不简单，但是低碳环保及吸附性强，在柔光之中，映射出的情调独具一格，简约而不简单。

蟹蟹侬

工程档案

项目地点 中国，合肥

竣工时间 2015年

主设计师 冉晓兰

设计团队 王志、陆祥、杨小云、金娇娇、刘芳

项目面积 600平方米

主要材料 铁艺、小花砖、亚克力、红砖

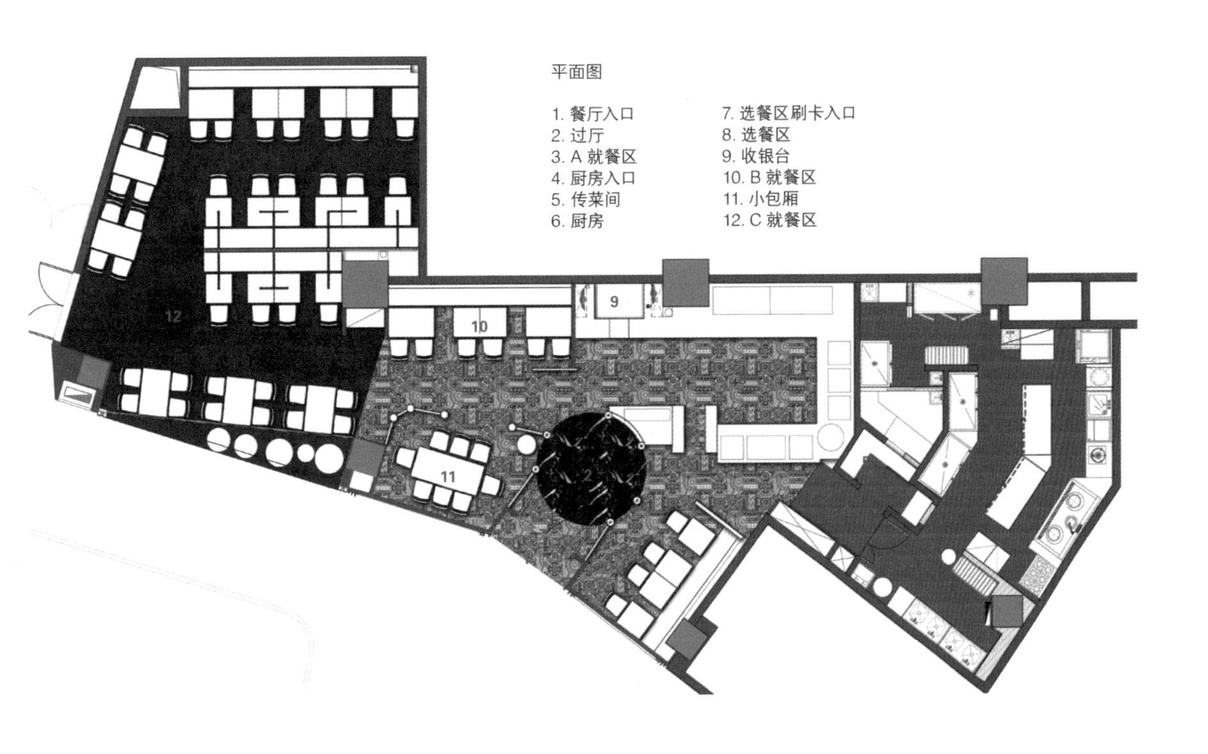

设计理念

蟹蟹侬是一家以四川麻辣料理的蟹干锅主题时尚餐厅，设计定位为 90 后的年轻群体以及女性和小孩，采用体验地铁的趣味性，以排号牌刷卡进入，琳琅满目的选餐区，从主食、糕点、饮料、凉菜、主菜、配菜等分区域的呈现，买单后独立循环的出餐口，进出人流以及餐饮服务人员的动线做了合理细致的调整，外立面采用螃蟹卡通拟人化的雕塑设计，吸引过往人流驻足拍照，增加趣味性。

13
12
11
10

员工通道

设计说明

为了形象地传达招牌料理“火辣”“热闹”的感受，主色调的设计使用了热情的中国红。用红色的水管和铁丝网装饰的主框架，流露出浓浓的工业风。为了平衡大量使用中国红造成的单调和视觉冲击，在地面采用复古小花砖，多样的花色，减少了空间头重脚轻的感觉。在局部墙面，用对比强烈的蓝色和黄色进行装饰，餐椅也选择了五彩的工业风铁艺材质。色彩的大胆运用，让人仿佛身处川流不息的霓虹都市。

因为大面积装饰的材质相对冰冷，因此我们后期在设计软装时增加了不少人性化的细节，增加怀旧复古的元素，缓和硬朗的就餐环境。做旧的啤酒桶装饰着郁郁葱葱的仿真绿植；老式的消防栓防止顾客辣到喷火；zakka 风的老收音机和旅行箱；海星和救生圈装饰的渔网。每一样物件都有背后的传说，我们希望食客不仅是进入餐厅，还能进入我们营造的故事。

Backup

现代工业风的中国式实践

莫卡多杭州

工程档案

项目地点 中国，杭州
竣工时间 2015年
设计单位 纳索建筑室内设计事务所
主设计师 方钦正
设计团队 黎伟
项目面积 370平方米
摄影师 申强
主要材料 再生木材、金属、水泥、马赛克

平面图

1. 备餐台
2. 沙发休息区域
3. 吧台区域
4. 红酒展示柜
5. 储藏柜
6. 接待台
7. 厨房
8. 户外区域

设计理念

除了继续延用“现代工业风”的设计理念，简单有序的装修呈现，重复排列的家具、暖色调灯光衬托灰暗的素水泥墙面外，设计师还花了许多巧心思，打造出一个新一代的莫卡多。

设计说明

天花轨道上的射灯可以水平移动，增加了整个空间的灵活性；出餐口处的台面白天服务于餐厅运营，夜晚可以变成供客人喝酒抽烟的吧台；墙面上安装了黑色的钢质吊柜，用于给客人存酒和餐厅储物，巧妙地利用了有限的空间；餐厅比萨烤炉的原始外壳是红铁皮，设计师特意采用了木纹水泥模压板的工艺，给它穿上了一件带有木纹肌理的水泥外套，可谓是餐厅的点睛之笔；餐厅还有两面绘有 1 ：1 剖面图的墙，淋漓尽致的透视出墙后的内部结构。设计师在绿色概念上也下了不少功夫，餐厅的部分天花和墙面都采用了从旧地板市场上买来的回收木地板，既复古又环保。

现代工业风中的材料游戏

工程档案

项目地点 中国，成都
竣工时间 2016年
主设计师 沈嘉伟
项目面积 1380平方米
摄影师 何震环
主要材料 水泥、水泥板、玻璃、艺术涂料、水泥自流平、黑镜、石材等

平面图

1. 座位区
2. 洗手间

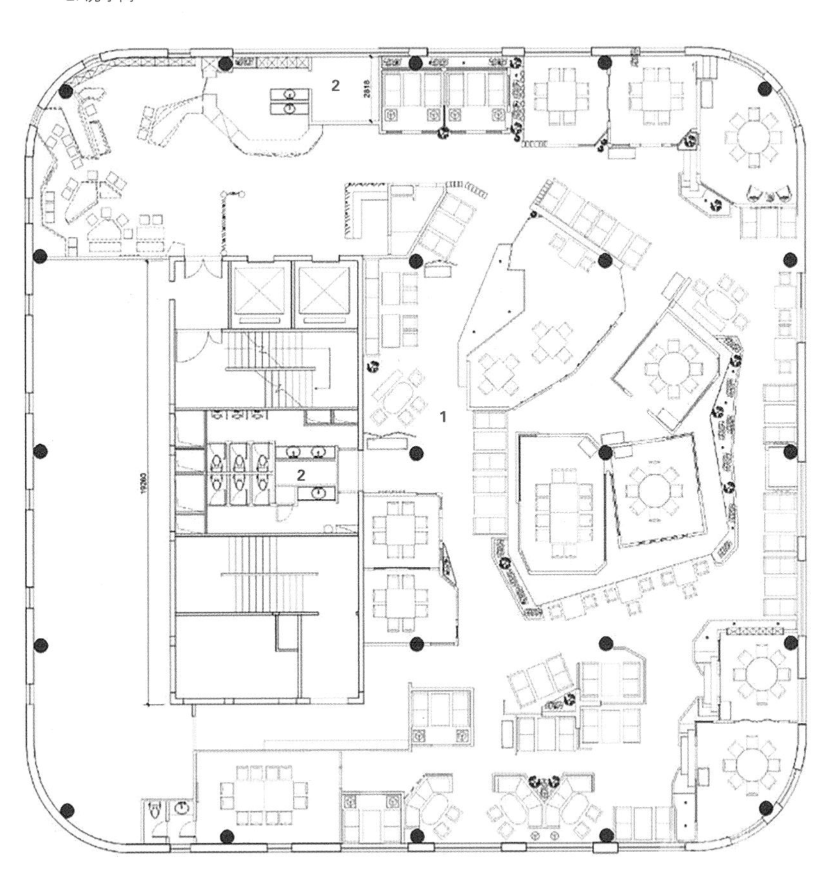

元里

元里

设计理念

园里火锅项目是设计师的众多优秀案例中比较有意思的一例。店老板本身是建筑设计科班出身，对于火锅的食道和店面室内装饰的设计之道颇有一番见解。对于设计师来说，为这样的客户服务既是挑战，也充满成就感，这与设计师最初踏上设计之路时的初心是一脉相承的。

案例在工业风背景下，采用了别具一格的材料搭配，并利用材料的不同肌理去营造氛围。在工艺上，利用原建筑结构和材料特殊肌理的打磨让餐厅的室内设计上升到又一个境界。

月湾

设计说明

本案大量采用了水泥材质搭配颇具文艺气息的小量纯手工木作造型，有一定的工业风感觉，但又不失细腻。水泥的肌理感做了手工打磨，包括手工镶嵌工艺，丰富的细节肌理让人产生想去抚摸的感觉。比较有意思的是水泥和水泥板以及玻璃的搭配，最后呈现出来的是别致的文艺风，让人眼前一亮，清爽宜人，这与火锅店的店名一脉相承。在后期灯光选择和软装搭配之间我们不停地在考虑它们的质感、色温和几者之间的穿插对比与相互和谐的关系。饰品和风格运用上力求达到一种激发客人进入餐厅空间后有想拿起手机去拍照的冲动。

室内设计与原建筑之间的关系也是本次设计的亮点之一。大厅中央有原结构构造柱，如何温柔的去美化柱体呢，我们想到了枯树。树皮的肌理也是用了水泥去诠释，这在工艺上是个不小的考验，后期完全是工人人工慢慢地一点一点地去打磨塑造。原结构柱完全被枯树景消化掉，同时还降低了树体内结构的成本。对室内设计含义的理解，

以及它与建筑设计的关系，从不同的视角、不同的侧重点来分析，许多学者都有不少深刻见解。无论如何，通过本案的设计实践，很多经验都是值得我们在接下来的项目中仔细思考和借鉴的。

三生石

通过场景与食材的连接叙述最原始的美味

蚝翅

工程档案

项目地点 中国，宁波

竣工时间 2017 年

设计单位 宁波正反室内设计咨询有限公司

主设计师 王琛、蒋沙君

项目面积 320 平方米

摄影师 王飞

主要材料 定制水磨石、清水泥、黑钢、花岗石、黄铜等

平面图

1. 等候区
2. 卡座区
3. 散座区
4. 吧台区
5. 小包间
6. 大包间
7. 洗手间
8. 储物间
9. 厨房

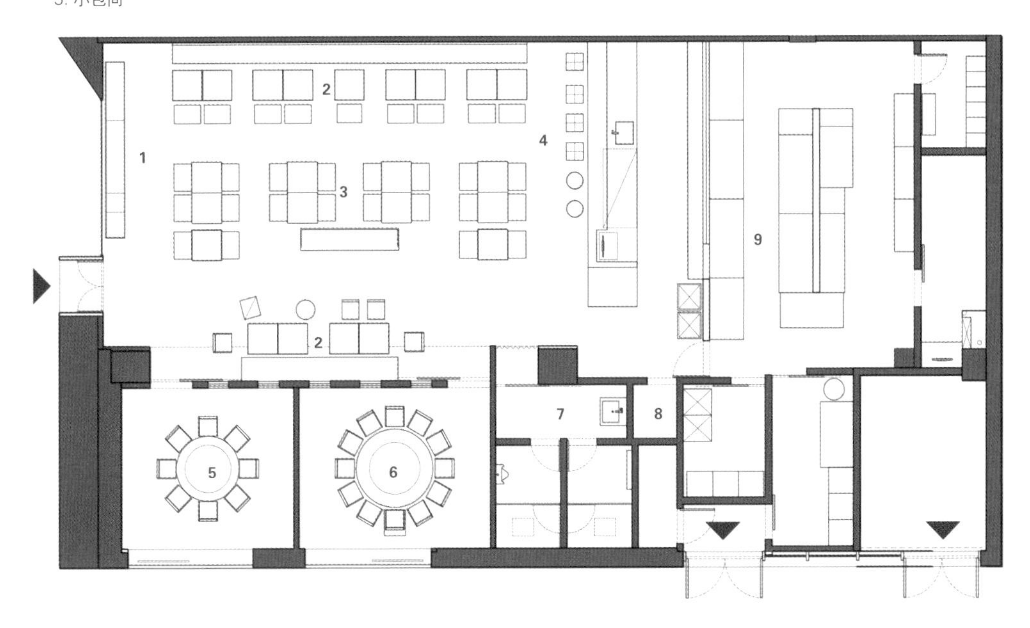

设计理念

蚝翅始于宁波，一直深受夜行一族的喜爱，慕名而来的人群往往乐意等上几小时，几箱啤酒、一打打烧烤伴随着朋友间的高谈阔论，任由味蕾肆意的欢愉。

在接手空间改造之前，蚝翅对空间的定位比较模糊，正反设计希望通过场景与食材的连接叙述最原始的美味。

HOOC!

设计说明

渔船、礁石、蟹笼等元素的解构打破了空间传统定义，场景与顾客之间产生自然的互动，空间区块分割为敞开区和包厢区，敞开区的场景设定为部分食材的生活场景和捕捉的定格形式，夹在石缝中的生蚝、撒下蟹笼的静态瞬间，食客仿佛融于海底，感受食材的成长过程。

水吧区域运用黑色孔砖叠砌模拟“蜂窝煤式取火”的场景，营造荒野中料理生蚝的趣味。

包厢区域的分隔，正反设计通过狩猎者和猎物之间的关系，将包厢定义为渔船，并把渔船原有物件打破重组，创造出渔船抛锚收网的瞬间，船窗的设计串联了船内船外的场景，甲板卡座、船桨门把手增添了整体视觉的主题。空间将角色扮演者和食材本质的状态融合在一起，构成趣味横生的食物链金字塔。

随天气变化的工业风餐厅

肴约餐厅

工程档案

项目地点 中国，厦门

竣工时间 2017年

设计单位 厦门方式设计机构

主要设计师 方国溪、曾灿芳

项目面积 717平方米

摄影师 吴永长

主要材料 竹、水泥纤维板、热轧板、枕木（加工木地板）

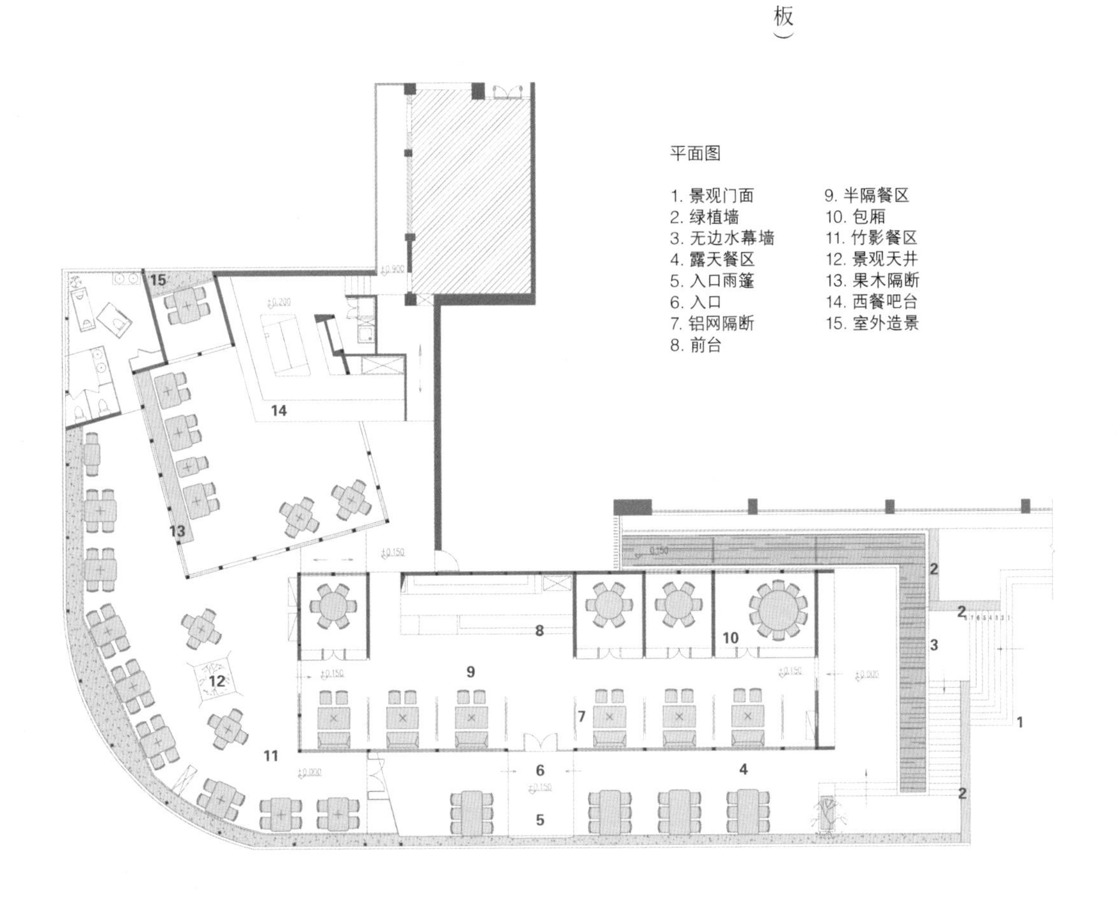

设计理念

看约餐厅前身是一座闲置的露台，又处在旧厂房围绕的环境中，和外部喧嚣的城市有了鲜明的对比。因此，设计决定从兼容自然和工业气息出发，打造一座“城市中的绿色浮岛”。

餐厅设计旨在将菜肴风格及空间设计完美融合，看约餐厅借助不同时间、天气、动线条件下的自然变化，为顾客提供了一个视觉、味觉高度融合的就餐环境。

设计说明

餐厅平面呈现字母“L”形，给了设计移步换景的条件。空间分为室外、室内公共空间及包间三个类别，在同一个大空间中创造多个不同氛围的小空间。

整体设计以竹片和绿植为主要元素，在施工之前就让爬藤提前生长，到完工之时，爬藤已经完全覆盖外部隔网，洒下一片绿荫。竹子、隔网和爬藤的纹理使阳光穿过三者时，能够因时间、天气及动线的变化，形成自然变幻的光线，加上外部的水声潺潺，给予使用者视觉、听觉等感官上的多层次体验。

与此同时，设计在白天和夜晚赋予了餐厅完全不同的就餐氛围。

如果说，白天的肴约餐厅是一座漂浮的清新绿岛，夜晚它则变身为摇曳生姿、魅惑撩人的光影空间。模拟星空的灿烂，餐位之间以丝网和烟雾缭绕的图案作为隔断，拉近人与人之间若即若离的关系。

索引

正反设计

Z

伊欧探索空间设计

Y

厦门方式设计机构

叙品设计

X

唯尼设计

W

深圳市华空间设计顾问有限公司

水木言（香港）室内设计机构

沈嘉伟

S

图书在版编目（CIP）数据

中国印象．餐厅 / 陈卫新编．－沈阳：辽宁科学技术出版社，2019.1
ISBN 978-7-5591-0457-1

Ⅰ．①中… Ⅱ．①陈… Ⅲ．①餐馆－室内装饰设计－中国 Ⅳ．①TU238.2

中国版本图书馆CIP数据核字（2017）第265800号

出版发行：辽宁科学技术出版社
（地址：沈阳市和平区十一纬路25号　邮编：110003）
印 刷 者：上海利丰雅高印刷有限公司
经 销 者：各地新华书店
幅面尺寸：185mm×250mm
印　　张：16
插　　页：4
字　　数：200千字
出版时间：2019年1月第1版
印刷时间：2019年1月第1次印刷
策 划 人：赵毓玲
责任编辑：杜丙旭 于　芳
封面设计：关木子
版式设计：何　萍
责任校对：周　文

书　　号：ISBN 978-7-5591-0457-1
定　　价：138.00元

编辑电话：024-23280070
邮购热线：024-23284502
E-mail: editorariel@163.com
http://www.lnkj.com.cn